Maßstab 10
Mathematik

Herausgegeben von

Max Schröder

Bernd Wurl

Alexander Wynands

Schroedel

Maßstab 10
Mathematik

Herausgegeben und bearbeitet von
Jost Baier, Kerstin Cohrs-Streloke, Klaus Frankenberg, Anette Lessmann, Hartmut Lunze, Monika Mattern, Ludwig Mayer, Peter Ploszynski, Jürgen Ruschitz, Dr. Max Schröder, Prof. Bernd Wurl, Prof. Dr. Alexander Wynands

in Zusammenarbeit mit der Verlagsredaktion

Materialienband: Best.-Nr. 84616
Lösungsheft: Best.-Nr. 84626

Bildquellenverzeichnis:
Dieter Rixe, Braunschweig: S. 16, 25, 28, 29 (2, Verpackungen), 36, 38, 41, 51, 55, 60, 62, 63, 64, 65, 69 (2, Tafeln), 72, 73, 80, 86, 90, 91, 95, 96, 97, 101, 107, 129. © Guinness Verlag GmbH, Hamburg: S. 20, 21; Michael Fabian: S. 29 (Aquarium), 42, 45 (Storchschnabel); © DARGAUD EDITEUR Paris 1971 by MORRIS & GOSCINNY: S. 36 (Lucky Luke); Archiv für Kunst und Geschichte, Berlin: S. 37, 49, 69 (Vieta), 98 (Weber: Das Gerücht); Zefa – Streichan, Düsseldorf: S. 45 (2, Schiffe); Astrofoto, Leichlingen: S. 46, S. 58 (Mond und Erde); Alexander Wynands, Königswinter: S. 54, 121; dpa, Frankfurt: S. 58 (Vulkanausbruch), 68 (2, Bob Beamon, Ulrike Meyfarth), S. 128 (2, Ötzi, Tutanchamun); Morris/Goscinny: Lucky Luke – Die Daltons brechen aus. Band 17 © DELTA Verlagsgesellschaft mbH, Stuttgart 1978, Nachdruck 1982. Übers. Aus dem Französ.: Gudrun Penndorf; © DARGAUD S. A., EDITEUR Paris 1971 – von Morris und Goscinny: S. 66; IFA – Bilderteam – Welsh, München: S. 81; Zefa – Hackenberg, Düsseldorf: S. 85 (Pistenbully), 120; Bilderberg Archiv der Fotografen – M. Kirchgessner, Hamburg: S. 85 (Zug); Mauritius – Dumrath, Stuttgart: S. 106; Feuerwehr Koblenz: S. 122; Bildarchiv preußischer Kulturbesitz, Berlin: S. 123; H. Krischel – Helga Lade Fotoagentur, Frankfurt: S. 124; K. Stölting, Hamburg: S. 127 (Bevölkerungsbombe); GEO Nr. 6/1996: S. 127 (Grafik zu Mexiko-Stadt); AKG, Berlin: S. 128 (Höhlenmalerei); Zefa-Svenja-Foto, Düsseldorf: S. 143 (Siegessäule).

Trotz entsprechender Bemühungen ist es nicht in allen Fällen gelungen, den Rechtsinhaber ausfindig zu machen. Gegen Nachweis der Rechte zahlt der Verlag für die Abdruckerlaubnis die gesetzlich geschuldete Vergütung.

ISBN 978-3-507-**84606**-7

© 2001 Bildungshaus Schulbuchverlage
Westermann Schroedel Diesterweg Schöningh Winklers GmbH, Braunschweig
www.schroedel.de

Das Werk und seine Teile sind urheberrechtlich geschützt. Jede Nutzung in anderen als den gesetzlich zugelassenen Fällen bedarf der vorherigen schriftlichen Einwilligung des Verlages. Hinweis zu § 52 a UrhG: Weder das Werk noch seine Teile dürfen ohne eine solche Einwilligung gescannt und in ein Netzwerk eingestellt werden. Dies gilt auch für Intranets von Schulen und sonstigen Bildungseinrichtungen.

Druck A [2] / Jahr 2008

Alle Drucke der Serie A sind im Unterricht parallel verwendbar.

Illustrationen: Hans-Jürgen Feldhaus, Klaus Puth
Zeichnungen: Michael Wojczak
Satz-Repro: More*Media* GmbH, Dortmund
Druck und Bindung: westermann druck GmbH, Braunschweig

Hinweise

Merksätze

Merksätze stehen auf einem blauen Hintergrund.

Beispiele

Musterbeispiele als Lösungshilfen stehen auf einem gelben Hintergrund.

Testen, Üben, Vergleichen (TÜV)

Jedes Kapitel endet mit 1 bis 2 Seiten TÜV, bestehend aus den wichtigsten Ergebnissen und typischen Aufgaben dazu. Die Lösungen dieser Aufgaben sind zur Selbstkontrolle für die Schülerinnen und Schüler am Ende des Buches angegeben.

Projekte/Themenseiten

Projekt- bzw. Themenseiten sind im Buch besonders gekennzeichnet:

Differenzierung

Besonders schwierige Aufgaben sind durch einen roten Kreis um die Aufgabennummer gekennzeichnet:

Knobelaufgaben sind ebenfalls besonders gekennzeichnet:

Lernstoff, der einen höheren Schwierigkeitsgrad hat und daher für den Grundkurs der Hauptschule nicht verbindlich ist.

Leitfiguren

Durch das Buch führen zwei Leitfiguren: die Null und die Eins.
Sie können die Aufgabe stellen oder geben nützliche Tipps und Hilfen.

Inhaltsverzeichnis

1 Zahlen und Größen — 6

- Reise durch Europa — 6
- Reise durch Australien — 8
- Reise durch Nordamerika — 10
- Reise durch Afrika — 12
- Reise durch Asien — 14
- Lotto — 16
- Altersverteilung in Deutschland — 18
- Merkwürdige Rekorde — 20

2 Lineare Gleichungssysteme — 22

- Eine Gleichung mit zwei Variablen — 24
- Zwei Gleichungen mit zwei Variablen — 25
- Gleichsetzungsverfahren — 26
- Einsetzungsverfahren — 27
- Additionsverfahren — 28
- Anwendungen — 29
- Lineare Ungleichungen mit zwei Variablen — 32
- Lineare Ungleichungssysteme — 33
- Testen, Üben, Vergleichen — 34

3 Strahlensätze und Satzgruppe des Pythagoras — 36

- Streckenteilung — 38
- 1. Strahlensatz — 39
- 2. Strahlensatz — 41
- Anwendungen — 45
- Katheten- und Höhensatz — 47
- Satz des Pythagoras und seine Umkehrung — 48
- Pythagoras in Meyers Garten — 50
- Testen, Üben, Vergleichen — 52

4 Quadratische Gleichungen — 54

- Normalparabel — 56
- Quadratische Funktionen — 57
- Anhalteweg — 59
- Quadratische Gleichungen — 60
- Zeichnerisches Lösen quadratischer Gleichungen — 61
- Spezielle quadratische Gleichungen — 62
- Rechnerische Lösung mit quadratischer Ergänzung — 63
- Lösungsformel — 64
- Anwendungen — 65
- Parabeln im Sport — 68
- Satz des Vieta — 69
- Testen, Üben, Vergleichen — 70

5 Trigonometrie — 72

- Sinus und Kosinus — 74
- Tangens — 75
- Graphen der Winkelfunktionen — 76
- Winkelfunktionen im rechtwinkligen Dreieck — 77
- Berechnung von Seiten im rechtwinkligen Dreieck — 79
- Berechnung von Winkeln im rechtwinkligen Dreieck — 80
- Berechnungen an Körpern — 84
- Steigungen in Prozent — 85
- Berechnungen in beliebigen Dreiecken — 86
- Testen, Üben, Vergleichen — 88

6 Potenzen und Wurzeln — 90

- Potenzen — 92
- Zehnerpotenzen — 93
- Negative Exponenten — 94
- Multiplikation und Division von Potenzen gleicher Basis — 95
- Multiplikation und Division von Potenzen mit gleichem Exponenten — 96
- Potenzen von Potenzen — 97
- n-te Potenz und n-te Wurzel — 99
- Rechnen mit Quadratwurzeln — 100
- Irrationale Zahlen — 101
- Potenzschreibweise für Wurzeln — 102
- Potenzen mit rationalen Exponenten — 103
- Testen, Üben, Vergleichen — 104

7 Flächen und Körper — 106

- Flächen im Park — 108
- Körper — 110
- Kegelstumpf — 111
- Pyramidenstumpf — 112
- Volumen von Kegel- und Pyramidenstumpf — 113
- Oberfläche von Kegel- und Pyramidenstumpf — 114
- Zusammengesetzte Körper — 116
- Hohlkörper — 117
- Testen, Üben, Vergleichen — 118

8 Lineares und exponentielles Wachstum — 120

- Lineares Wachstum — 122
- Summen bei linearem Wachstum — 123
- Exponentielles Wachstum — 124
- Exponentielle Abnahme — 125
- Bevölkerungswachstum — 127
- Altersbestimmung mit der C14-Methode — 128
- Kapitalwachstum über mehrere Jahre — 129
- Berechnung des Zinssatzes — 131
- Regelmäßige Einzahlungen — 132
- Regelmäßige Auszahlungen — 133
- Private Rentenvorsorge — 134
- Exponentialfunktion — 135
- Logarithmen — 136
- Testen, Üben, Vergleichen — 137

9 Qualitätssicherung — 138

- Geometrie — 138
- Zahlen, Größen und Zuordnungen — 140

- Die Lösungen der TÜV-Seiten — 144
- Die Lösungen der Qualitätssicherung — 147

- Formeln — 148
- Maßeinheiten — 151

- Stichwortverzeichnis — 152

1 Zahlen und Größen

 Reise durch Europa

1. Kopfrechnen
   a) 275 + 39 − 49
   b) 28 + 34 − 44
   c) 840 − 520 + 220
   d) 88 : 8 − 8
   e) (240 : 60) · 50
   f) (4 800 : 4) : 60
   g) 75 Mio. − 49 Mio.
   h) 7 000 · 4 000
   i) 28 000 · 1 Mio.

2. Kopfrechnen
   a) 36 400 + 12 000
   b) 28 137 + 9 000
   c) 78 425 − 6 000
   d) 32 188 − 6 000
   e) 24 000 + 5 266
   f) 17 000 − 555
   g) 36 400 + 2 700
   h) 38 600 − 2 900

3. Kopfrechnen
   a) 320 000 : 80
   b) 2,9 Mio. + 1,2 Mio.
   c) 240 000 · 40
   d) 5 300 000 − 2 400 000

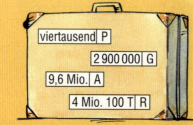

Zu jeder Aufgabe passt ein Lösungswort. Durch welche Städte führt die Reise?

1 Zahlen und Größen

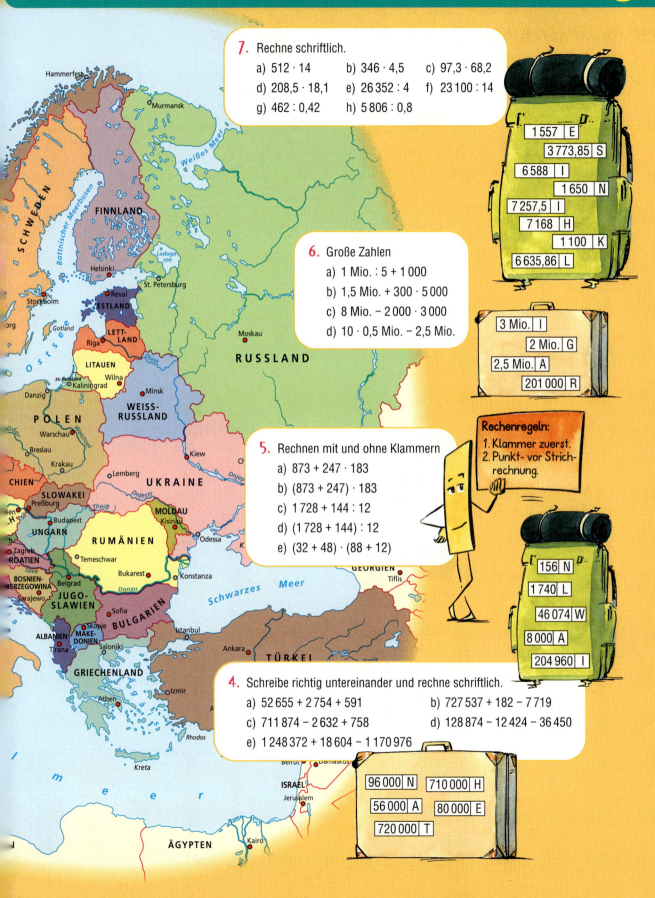

7. Rechne schriftlich.
  a) 512 · 14
  b) 346 · 4,5
  c) 97,3 · 68,2
  d) 208,5 · 18,1
  e) 26 352 : 4
  f) 23 100 : 14
  g) 462 : 0,42
  h) 5 806 : 0,8

1 557	E
3 773,85	S
6 588	I
1 650	N
7 257,5	I
7 168	H
1 100	K
6 635,86	L

6. Große Zahlen
  a) 1 Mio. : 5 + 1 000
  b) 1,5 Mio. + 300 · 5 000
  c) 8 Mio. − 2 000 · 3 000
  d) 10 · 0,5 Mio. − 2,5 Mio.

3 Mio.	I
2 Mio.	G
2,5 Mio.	A
201 000	R

Rechenregeln:
1. Klammer zuerst.
2. Punkt- vor Strichrechnung.

5. Rechnen mit und ohne Klammern
  a) 873 + 247 · 183
  b) (873 + 247) · 183
  c) 1 728 + 144 : 12
  d) (1 728 + 144) : 12
  e) (32 + 48) · (88 + 12)

156	N
1 740	L
46 074	W
8 000	A
204 960	I

4. Schreibe richtig untereinander und rechne schriftlich.
  a) 52 655 + 2 754 + 591
  b) 727 537 + 182 − 7 719
  c) 711 874 − 2 632 + 758
  d) 128 874 − 12 424 − 36 450
  e) 1 248 372 + 18 604 − 1 170 976

96 000	N	710 000	H
56 000	A	80 000	E
720 000	T		

Reise durch Australien

1 Zahlen und Größen

Reise durch Australien

1. Brüche erweitern auf 100

   a) $\frac{7}{25}$ b) $\frac{13}{50}$ c) $\frac{3}{4}$ d) $\frac{14}{20}$ e) $\frac{3}{5}$ f) $\frac{11}{20}$

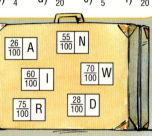

2. Brüche kürzen

   a) $\frac{8}{24}$ b) $\frac{17}{34}$ c) $\frac{10}{50}$ d) $\frac{40}{60}$ e) $\frac{30}{75}$
   f) $\frac{75}{100}$ g) $\frac{16}{20}$ h) $\frac{70}{100}$ i) $\frac{25}{30}$ j) $\frac{30}{42}$

3. Addition und Subtraktion von Brüchen

   a) $\frac{3}{4} + \frac{1}{8}$ b) $\frac{3}{4} - \frac{1}{2}$
   c) $1\frac{1}{2} - \frac{3}{4}$ d) $1\frac{1}{2} + \frac{3}{4}$
   e) $2\frac{1}{4} + 1\frac{1}{8}$ f) $2\frac{1}{4} - 1\frac{1}{8}$
   g) $3\frac{3}{4} - 2\frac{1}{8}$ h) $2\frac{2}{3} + 3\frac{1}{2}$
   i) $1 - \frac{1}{2} - \frac{1}{4} - \frac{1}{8} - \frac{1}{16}$

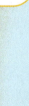

4. Multiplikation von Brüchen

   a) $\frac{3}{4} \cdot 12$ b) $\frac{5}{4} \cdot \frac{8}{15}$
   c) $1\frac{3}{4} \cdot \frac{1}{4}$ d) $1\frac{3}{4} \cdot 4$
   e) $2\frac{1}{2} \cdot 1\frac{1}{4}$

5. Division von Brüchen

   a) $\frac{3}{4} : 3$ b) $\frac{3}{4} : \frac{1}{3}$ c) $\frac{3}{4} : \frac{1}{6}$
   d) $8 : \frac{4}{5}$ e) $\frac{3}{5} : \frac{1}{8}$ f) $\frac{4}{5} : \frac{1}{2}$
   g) $2\frac{1}{2} : 5$ h) $2\frac{1}{2} : \frac{1}{5}$ i) $2\frac{1}{3} : 1\frac{1}{6}$

Reise durch Australien

1 Zahlen und Größen

8. Brüche und Dezimalbrüche
a) $\frac{3}{4} + (1{,}5 - \frac{1}{4})$ b) $2\frac{1}{4} - 1{,}7$
c) $2{,}65 - (1\frac{3}{4} + 0{,}5)$ d) $(2{,}9 - 2{,}89) \cdot 7$
e) $5{,}875 - 5\frac{7}{8}$ f) $(\frac{3}{5} \cdot \frac{5}{4}) : 0{,}2$

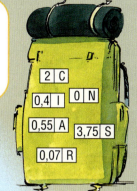

Umwandeln:
$\frac{1}{2} = 0{,}5$
$\frac{1}{4} = 0{,}25$
$\frac{1}{5} = 0{,}2$
$\frac{1}{8} = 0{,}125$

7. Bruchteile von Größen
a) Weltförderung an Gold 2 400 t; davon   ① $\frac{1}{10}$ Australien   ② $\frac{3}{20}$ Russland
b) Weltförderung an Diamanten 105 Mio. Karat; davon
   ① $\frac{4}{10}$ Australien   ② $\frac{3}{20}$ Russland
c) Weltproduktion von Bier 1 200 Mio. hl; davon ① $\frac{3}{200}$ Australien   ② $\frac{1}{120}$ Österreich
d) Weltbevölkerung ca. 6 Mrd.; davon   ① ca. $\frac{1}{250}$ Australier   ② ca. $\frac{7}{500}$ Deutsche

6. Vermischte Aufgaben
a) $\frac{1}{2} \cdot \frac{1}{4} + \frac{1}{2}$ b) $\frac{1}{8} + \frac{3}{4} \cdot \frac{1}{6}$
c) $\frac{1}{4} + \frac{1}{2} + \frac{1}{8}$ d) $\frac{1}{4} + (\frac{1}{2} : \frac{1}{8})$
e) $2\frac{1}{2} - (1\frac{1}{4} \cdot \frac{1}{2})$ f) $(3\frac{1}{4} - \frac{3}{4}) \cdot \frac{1}{2}$
g) $(\frac{1}{2} - \frac{1}{3}) : \frac{1}{12}$ h) $\frac{1}{2} \cdot (\frac{1}{3} : \frac{1}{4})$

Reise durch Nordamerika

1 Zahlen und Größen

Reise durch Nordamerika

1.
   a) Mo: 473 miles
   b) Di: 512 miles
   c) Mi: 296 miles
   d) Do: 382 miles
   e) Fr: 475 miles
   f) Sa: 592 miles
   g) So: 38,4 km
   h) Mo: 617,6 km
   i) Di: 627,2 km

1 mile ≈ 1,6 km

611,2 km	C	24 miles	V
756,8 km	V	760 km	O
473,6 km	N	819,2 km	A
947,2 km	U	392 miles	R
386 miles	E		

2. Flächenmaße
   a) Fußballfeld 1 ▪
   b) Tennisplatz 2,6 ▪
   c) Klassenraum 65 ▪
   d) Schulheft 6 ▪
   e) Fläche USA 9 Mio. ▪
   f) Briefmarke 3 ▪
   g) 3,5 km² = ▪ ha
   h) 25 ha = ▪ a
   i) 0,1 km² = ▪ ha
   j) 250 ha = ▪ km²
   k) 3 km² − 150 ha = ▪ ha
   l) 3 km² + 500 ha = ▪ km²

Rucksack 1:
ha	S
80	O	dm²	F
cm²	A	150	C
km²	R	2 500	C
m²	N	350	N
2,5	S	a	A
10	l		

3. Volumen
   a) 1 200 l = ▪ hl
   b) 120 l = ▪ hl
   c) 240 hl = ▪ m³
   d) 2 400 hl = ▪ m³
   e) 4 500 l = ▪ m³
   f) 45 m³ = ▪ l
   g) 3 600 cm³ = ▪ l
   h) 360 cm³ = ▪ l
   i) $\frac{1}{3}$ von 6 l = ▪ cm³
   j) 0,05 · 2 l = ▪ cm³

Rucksack 2:
3,6	E	12	L
100	S	24	S
4,5	N	45 000	G
1,2	O		
2 000	E		
0,36	L	240	A

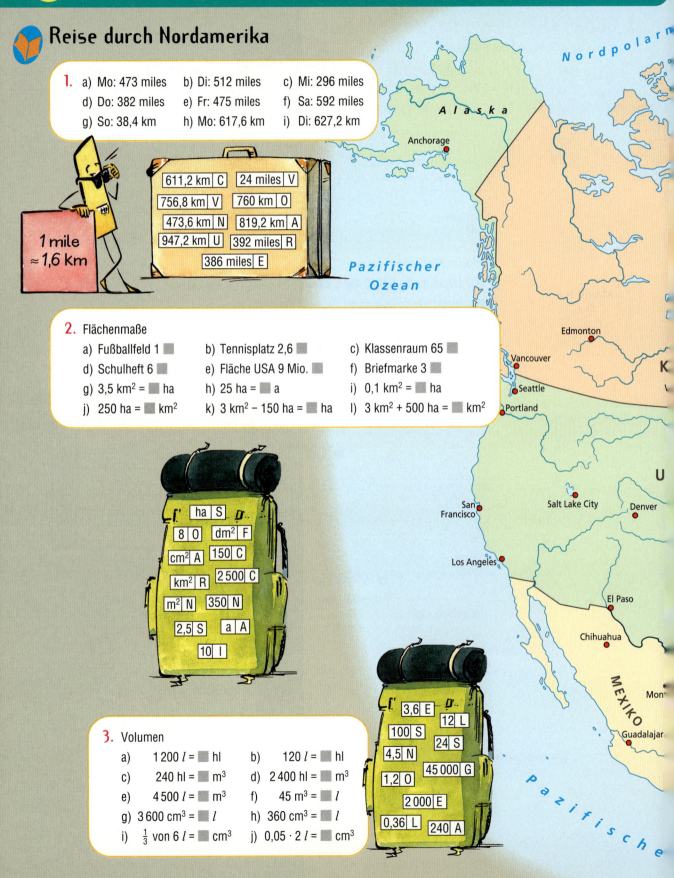

Reise durch Nordamerika
1 Zahlen und Größen

6. Dauer

Abflug	a) 11.30	b) 17.40	c)	d) 19.40	e) 19.50	f)	g) 19.50
Ankunft	17.15		19.35	0.45		12.30	4.40
Flugzeit		2:45	4:20		6:20	9:50	

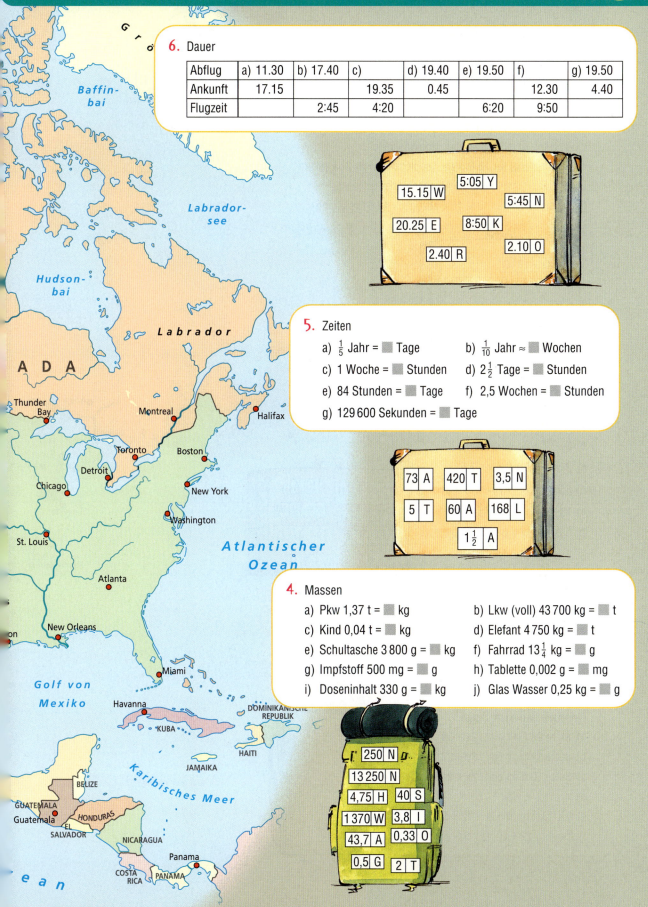

5. Zeiten

a) $\frac{1}{5}$ Jahr = ▢ Tage   b) $\frac{1}{10}$ Jahr ≈ ▢ Wochen

c) 1 Woche = ▢ Stunden   d) $2\frac{1}{2}$ Tage = ▢ Stunden

e) 84 Stunden = ▢ Tage   f) 2,5 Wochen = ▢ Stunden

g) 129 600 Sekunden = ▢ Tage

4. Massen

a) Pkw 1,37 t = ▢ kg   b) Lkw (voll) 43 700 kg = ▢ t

c) Kind 0,04 t = ▢ kg   d) Elefant 4 750 kg = ▢ t

e) Schultasche 3 800 g = ▢ kg   f) Fahrrad $13\frac{1}{4}$ kg = ▢ g

g) Impfstoff 500 mg = ▢ g   h) Tablette 0,002 g = ▢ mg

i) Doseninhalt 330 g = ▢ kg   j) Glas Wasser 0,25 kg = ▢ g

1 Zahlen und Größen

Reise durch Afrika

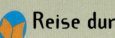

1. Rechenausdruck (Term) für den Rechnungsbetrag
   a) 5 m Stoff zu x € pro m und 18 € Zuschneidekosten.
   b) 4 m Stoff zu x € pro m abzüglich 18 € Rabatt.
   c) 4 Reifen zu je x € und 18 € Montagekosten.
   d) Kleinmaterial für 18 €, x m² Teppichboden zu 27 € pro m².
   e) 23 € Fahrtkosten und 16 Arbeitsstunden zu je x €.
   f) x Arbeitsstunden zu je 16 € abzüglich 42 € Erstattung.

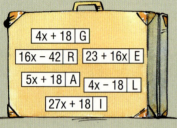

4x + 18	G
16x − 42	R	23 + 16x	E
5x + 18	A	4x − 18	L
27x + 18	I

2. Terme vereinfachen
   a) $3x + 2 - 2x + 17$
   b) $5y - 7 + 2y + 24$
   c) $2{,}5x - 3{,}5 + 0{,}5x + 7{,}5$
   d) $3{,}2y + 7{,}7 - 1{,}2y + 2{,}3 - 2y$
   e) $1\frac{1}{2}x + 12 - \frac{3}{4}x - 7\frac{1}{2}$
   f) $5\frac{1}{4}y - 2\frac{3}{4}y + y - 8 + 10\frac{1}{2}$
   g) $3{,}5x + 1\frac{1}{2}x + 12 - 5{,}5$
   h) $7\frac{1}{4}y + 12\frac{1}{2} - 3{,}25y - 4{,}5$

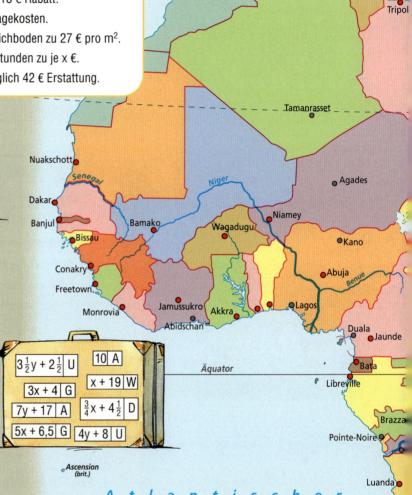

Die Lösungsworte ergeben die Reiseroute.

$3\frac{1}{2}y + 2\frac{1}{2}$	U	10	A
3x + 4	G	x + 19	W
7y + 17	A	$\frac{3}{4}x + 4\frac{1}{2}$	D
5x + 6,5	G	4y + 8	U

3. Einsetzen und ausrechnen
   a) Setze 26 für x ein: $2x + 54$
   b) Setze 32 für y ein: $3y - 28$
   c) Setze 18 für x ein: $2x + 0{,}5x + 32$
   d) $x = 7$: $x + 3x + 17 - x - 14$
   e) $y = 10$: $y + \frac{y}{2} + \frac{y}{5} - 12 - 5$
   f) $z = 0$: $(2 + z) \cdot (z + 5) \cdot z + 1$

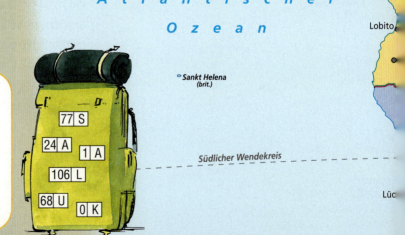

77	S
24	A	1	A
106	L
68	U	0	K

Reise durch Afrika

1 Zahlen und Größen

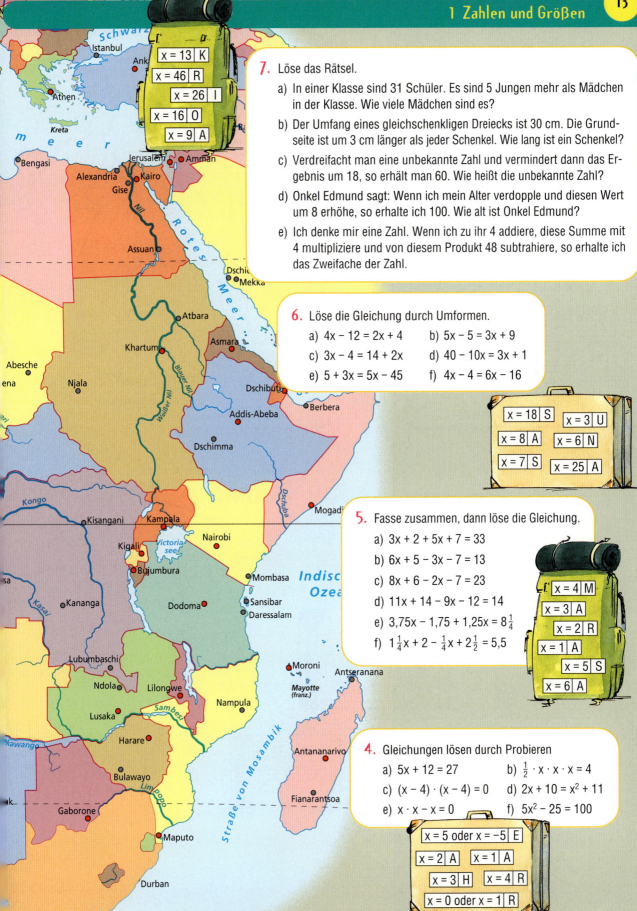

7. Löse das Rätsel.
a) In einer Klasse sind 31 Schüler. Es sind 5 Jungen mehr als Mädchen in der Klasse. Wie viele Mädchen sind es?
b) Der Umfang eines gleichschenkligen Dreiecks ist 30 cm. Die Grundseite ist um 3 cm länger als jeder Schenkel. Wie lang ist ein Schenkel?
c) Verdreifacht man eine unbekannte Zahl und vermindert dann das Ergebnis um 18, so erhält man 60. Wie heißt die unbekannte Zahl?
d) Onkel Edmund sagt: Wenn ich mein Alter verdopple und diesen Wert um 8 erhöhe, so erhalte ich 100. Wie alt ist Onkel Edmund?
e) Ich denke mir eine Zahl. Wenn ich zu ihr 4 addiere, diese Summe mit 4 multipliziere und von diesem Produkt 48 subtrahiere, so erhalte ich das Zweifache der Zahl.

6. Löse die Gleichung durch Umformen.
a) $4x - 12 = 2x + 4$
b) $5x - 5 = 3x + 9$
c) $3x - 4 = 14 + 2x$
d) $40 - 10x = 3x + 1$
e) $5 + 3x = 5x - 45$
f) $4x - 4 = 6x - 16$

5. Fasse zusammen, dann löse die Gleichung.
a) $3x + 2 + 5x + 7 = 33$
b) $6x + 5 - 3x - 7 = 13$
c) $8x + 6 - 2x - 7 = 23$
d) $11x + 14 - 9x - 12 = 14$
e) $3{,}75x - 1{,}75 + 1{,}25x = 8\frac{1}{4}$
f) $1\frac{1}{4}x + 2 - \frac{1}{4}x + 2\frac{1}{2} = 5{,}5$

4. Gleichungen lösen durch Probieren
a) $5x + 12 = 27$
b) $\frac{1}{2} \cdot x \cdot x \cdot x = 4$
c) $(x - 4) \cdot (x - 4) = 0$
d) $2x + 10 = x^2 + 11$
e) $x \cdot x - x = 0$
f) $5x^2 - 25 = 100$

14 1 Zahlen und Größen

Reise durch Asien

1. Prozentsätze

	p%	Bruch	Dezimalbruch
a)	1%	$\frac{1}{100}$	
b)	10%	$\frac{1}{10}$	
c)	%	$\frac{1}{5}$	
d)	%	$\frac{1}{4}$	
e)	%		0,5
f)	%	$\frac{3}{4}$	
g)	%	$\frac{1}{1}$	

100; 1	N
50; $\frac{1}{2}$	H
25; 0,25	A
0,10	S
20; 0,20	F
75; 0,75	A
0,01	I

2. Prozentwert und Grundwert berechnen
a) G = 84 kg   p% = 11%
b) G = 6 g   p% = 0,9%
c) Wie viel km sind 20% von 36 km?
d) Wie viel km sind 40% von 520 km?
e) Wie viel € sind 5% von 4 800 €?
f) W = 204 €   p% = 24%
g) 12% sind 138 m
h) 75% sind 216 m

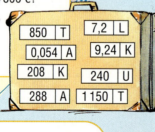

850	T	7,2	L
0,054	A	9,24	K
208	K	240	U
288	A	1 150	T

3. Prozentsatz berechnen
a) G = 265 m   W = 47,7 m   p% =   %
b) G = 464 €   W = 69,60 €   p% =   %
c) 28,6 kg von 130 kg   p% =   %
d) 9,6 m von 80 m   p% =   %
e) 38,4 l von 160 l   p% =   %

12	O	22	N
18	H	24	I
15	A		

Reise durch Asien

1 Zahlen und Größen

6. Berechne die fehlende Größe mit der Zinsformel.
  a) K = 4 600 €   p% = 4%   t = $\frac{1}{2}$ Jahr   Z = ▢ €
  b) K = 6 000 €   p% = 2,5%   t = 4 Monate   Z = ▢ €
  c) K = 2 450 €   p% = 7%   t = 240 Tage   Z = ▢ €
  d) K = 12 336,13 €   p% = 10,5%   t = ▢ Tage   Z = 183,50 €
  e) K = 7 053,29 €   p% = 8,25%   t = ▢ Tage   Z = 187,50 €

116	O	51	I
50	O	92	T
		114,33	K

178,5	E
8 550	I
112,5	P
	7	N
7 620	K
	3,5	G

5. Geld wird 1 Jahr lang verzinst:
  a) K = 2 500 €   p% = 4,5%   Z = ▢ €
  b) K = 3 400 €   p% = 5,25%   Z = ▢ €
  c) Z = 800,1 €   p% = 10,5%   K = ▢ €
  d) 684 € Zinsen bei 8%   K = ▢ €
  e) K = 4 700 €   Z = 329 €   p% = ▢ %
  f) 74,41 € Zinsen für 2 126 €   p% = ▢ %

4. Berechne die fehlende Größe.
  a) 8% Transportschäden bei 2 350 Gläsern.
  b) 153 von 510 Bohnen keimten nicht.
  c) Herr Süß erhält 0,5% Provision für eine Versicherung über 26 400 €.
  d) 12 von 400 Athleten gewannen Gold.
  e) 240 Schüler sind 60%.
  f) Ein Hotel mit 480 Betten ist zu 85% ausgebucht.

132	I
408	H	188	T
		400	E
3%	P	30%	A

Lotto

1 Zahlen und Größen

1 DM = 0,51 €

Spieleinsätze:
Lotto am Samstag:
 1,25 DM pro Tipp
Spiel 77:
 2,50 DM pro Tipp
Super 6:
 2,00 DM pro Tipp
Bearbeitungsgebühr
für 1 Schein: 0,50 DM

Artikel 6
6. Für jeden registrierten Spielschein erhebt das Unternehmen eine Bearbeitungsgebühr. Die Höhe der Bearbeitungsgebühr wird durch Aushang in den Annahmestellen bekannt gemacht.
Der Spieleinsatz und die Bearbeitungsgebühr sind bei Einreichung des Spielscheines zu zahlen. Bei Brief- und Postwetten entstehende Kosten können zusätzlich erhoben werden.
(Auszug aus den Teilnahmebedingungen Zahlenlotto)

1. In den Lotto-Annahmestellen erhält man auch Auskunft über die Höhe der Spieleinsätze.
   a) Was kostet ein Lottoschein mit 8 (12) Tipps?
   b) Was kostet ein Lottoschein mit 8 Tipps, wenn gleichzeitig Spiel 77 angekreuzt wurde?
   c) Wie teuer ist ein Lottoschein mit 8 Tipps, Spiel 77 und Super 6?
   d) Berechne den höchstmöglichen Einsatz für 1 Woche, wenn alle Tipps auf dem Lottoschein ausgefüllt werden.

Lotto 6 aus 49 am Samstag
Alle Zahlenangaben ohne Gewähr

VA	1998	Gewinnzahlen in gezogener Reihenfolge						Zusatzzahl	Superzahl	Spieleinsatz DM	Gewinnklasse I 6 Treffer und Superzahl Gewinne/Jackpot	DM	Gewinnklasse II 6 Treffer Gewinne	DM
1.	03.01.	20	16	15	45	29	12	26	7	135 897 661,25	JP	12 103 622,70	2 x	3 397 441,50
2.	10.01.	19	49	29	2	36	43	34	1	149 874 610,00	2 x	8 299 930,50	7 x	1 070 532,90
3.	17.01.	41	31	32	15	30	48	9	5	143 065 938,75	JP	4 291 978,10	3 x	2 384 432,30
4.	24.01.	44	35	14	22	48	25	33	8	135 449 680,00	1 x	8 355 468,50	9 x	752 498,20
5.	31.01.	23	47	27	17	6	5	18	6	134 753 308,75	JP	4 042 599,20	8 x	842 208,10
6.	07.02.	12	48	44	42	40	36	39	6	135 533 801,25	1 x	8 108 613,20	1 x	6 776 690,00

2. Nachdem Frau Winter 30-mal jeweils 10 Reihen getippt hat, hat sie endlich am 24.01.1998 mit 80 218 anderen genau 4 Richtige (Treffer).
   a) Wie viel Geld wird ihr ausgezahlt?
   b) Wie hoch waren bisher ihre Einsätze insgesamt?
   c) Wie hoch war dann am 24.01.1998 ihr Gewinn oder Verlust?

3. Am 31.01.1998 gab es in der Gewinnklasse VII für 3 Treffer 7,40 DM.
   a) Herr Münch hatte 4 Tipps abgegeben. Berechne seinen tatsächlichen Gewinn oder Verlust.
   b) Herr Salmann hatte doppelt so viele Reihen getippt und ebenfalls 3 Richtige. Vergleiche Gewinn und Spieleinsatz.
   c) Wie viele Gewinner mit 3 Treffern gab es am 31.01.1998? Wie viel Geld bekamen sie zusammen ausgezahlt?

„6 Kreuze in einem Feld sind ein Tipp."

Lotto

1 Zahlen und Größen

4.
a) Wie viel wurde 1998 im Durchschnitt in der Gewinnklasse II (V, VII) ausgezahlt?
b) Wie hoch war im Januar 1998 der durchschnittliche Spieleinsatz pro Woche?
c) Wie groß war die relative Abweichung der Spieleinsätze vom Mittelwert höchstens?

5. Du siehst die Gewinnquoten der 1. Veranstaltung.
a) Berechne die ausgezahlten Gewinne pro Gewinnklasse sowie ihre Summe.
b) Vergleiche diesen Gesamtbetrag mit dem für diese Veranstaltung angegebenen Spieleinsatz.
c) Entsprachen die ausgezahlten Gewinne dem Artikel 16 des Lottogesetzes?

Artikel 16 – Verteilung der Gewinnsumme auf die Gewinnklassen des Zahlenlottos bzw. Fußballtotos und Einzelgewinne.

1. Von dem Gesamtbetrag der jeweiligen Spieleinsätze werden grundsätzlich 50 % als Gewinnsumme an die Spielteilnehmer ausgeschüttet.

Diese Gewinnsumme verteilt sich auf die Gewinnklassen im Lotto am Samstag (Sonnabend) wie folgt:

Klasse I	(6 Gewinnzahlen und Super-Zahl)	6,0 %
Klasse II	(6 Gewinnzahlen)	10,0 %
Klasse III	(5 Gewinnzahlen und Zusatzzahl)	6,0 %
Klasse IV	(5 Gewinnzahlen)	20,0 %
Klasse V	(4 Gewinnzahlen)	20,0 %
Klasse VI	(3 Gewinnzahlen und Zusatzzahl)	14,0 %
Klasse VII	(3 Gewinnzahlen)	24,0 %

Gewinnzahlen und Quoten der 1. – 53. Veranstaltung 1998
(Öffentliche Ziehung im Deutschen Fernsehen · ARD)

Gewinnklasse III 5 Treffer + Zusatzzahl		Gewinnklasse IV 5 Treffer		Gewinnklasse V 4 Treffer		Gewinnklasse VI 3 Treffer u. Zusatzzahl		Gewinnklasse VII 3 Treffer	
Gewinne	DM	Gewinne	DM	Gewinne	DM	Gewinne	DM	Gewinne	DM
15 x	271 795,30	982 x	13 838,80	69 700 x	194,90	110 695 x	85,90	1 446 362 x	11,20
12 x	374 686,50	1 752 x	8 554,40	103 649 x	144,50	109 716 x	95,60	1 830 988 x	9,80
33 x	130 059,90	1 194 x	11 982,00	81 754 x	174,90	130 764 x	76,50	1 599 146 x	10,70
30 x	135 449,60	1 618 x	8 371,40	80 219 x	168,80	113 965 x	83,10	1 373 042 x	11,80
48 x	84 220,80	2 550 x	5 284,40	140 897 x	95,60	165 567 x	56,90	2 177 914 x	7,40
65 x	62 554,00	2 342 x	5 787,00	111 088 x	122,00	126 544 x	74,90	1 582 912 x	10,20

Auszug aus einem Schreiben der Archiv- und Informationsstelle der deutschen Lotto- und Toto-Unternehmen:

*... Die Anzahl der gespielten Reihen (Tipps) können Sie leicht selber errechnen.
Sie müssen nur den Spieleinsatz pro Woche durch den Einsatz pro Reihe (1,25 DM) dividieren. ...*

Bei 6 Treffern gibt es nicht immer 1 Million.

6.
a) Berechne, wie viele Tipps am 07.02.1998 und wie viele im Januar 1998 abgegeben wurden.
b) Wie viele Gewinner gab es am 07.02., wie viele im Januar 1998 in der Gewinnklasse II?
c) Wie viel Prozent der abgegebenen Tipps hatten am 07.02., wie viel im Januar 1998 genau 6 Treffer (ohne Zusatzzahl)?

7. Es gibt genau 13 983 816 Möglichkeiten, 6 der Zahlen 1 bis 49 anzukreuzen.
a) Wie viele Tipps muss man mindestens ausfüllen, um mit Sicherheit einmal 6 Treffer zu haben?
b) Wie teuer sind so viele Tipps?
c) Wie lange würde das Ausfüllen der Tippreihen dauern (rechne mit 5 Tipps pro Minute)?

Altersverteilung in Deutschland

1 Zahlen und Größen

1. Wie viele Personen sind es in jeder Alterklasse insgesamt?

2. Welches ist die Gesamtzahl
   - aller Männer
   - aller Frauen
   - der gesamten Bevölkerung?

3. Wie hoch ist das Durchschnittsalter
   - der Männer
   - der Frauen
   - der gesamten Bevölkerung?

4. Wie groß ist der prozentuale Anteil an der Gesamtbevölkerung:
   - der Kinder und Jugendlichen (bis unter 20 Jahre)
   - der Erwerbstätigen (20 bis unter 65 Jahre)
   - der Rentner und Pensionäre (65 Jahre und älter)?

Zahlen in der Grafik ablesen und dann addieren.

Und alle in eine Tabelle eintragen.

Deutschland 1910

(Jahre)	Männer (Mio.)	Frauen (Mio.)	gesamt (Mio.)
unter 05	3,9	3,9	7,8
05 bis unter 10	3,7	3,7	7,4
10 bis unter 15	3,5	3,4	6,9
15 bis unter 20	3,1	3,1	6,2

Mit den Klassenmitten 2,5 7,5 12,5 ... 87,5 95 ausrechnen.

Ich sehe schon an der Grafik, dass die Frauen im Durchschnitt älter sind als die Männer.

Nach dem Anteil der Berufstätigen richtet sich die Höhe der Rentenbeiträge.

Und was ist mit den Arbeitslosen?

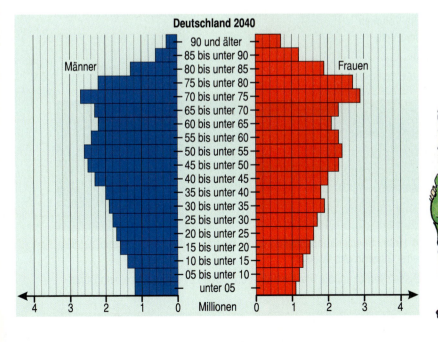

Deutschland 2040

Männer — Frauen

Altersklassen: 90 und älter; 85 bis unter 90; 80 bis unter 85; 75 bis unter 80; 70 bis unter 75; 65 bis unter 70; 60 bis unter 65; 55 bis unter 60; 50 bis unter 55; 45 bis unter 50; 40 bis unter 45; 35 bis unter 40; 30 bis unter 35; 25 bis unter 30; 20 bis unter 25; 15 bis unter 20; 10 bis unter 15; 05 bis unter 10; unter 05

Millionen

Bei so einer Vorausschau muss man aber viel spekulieren, über die Geburtenzahlen, ...

...über Lebenserwartung, ...

...über Aus- und Einwanderung.

Merkwürdige Rekorde

1 Zahlen und Größen

Merkwürdige Rekorde

1.

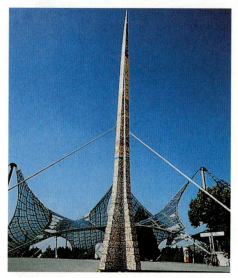

Im August 1989 bauten 25 000 Kinder auf dem Münchner Olympiagelände diesen 17 m hohen Turm aus 180 000 Legosteinen. Die Plastikbausteine hatten ein Gesamtgewicht von 400 kg. Jeder Stein war 3,2 cm lang, 1,6 cm breit und 9 mm hoch.

a) Wie schwer ist ein Legostein?
b) Wie viele Bausteine lagen höchstens aufeinander?
c) Wie lang wäre eine Reihe mit so vielen Bausteinen?
d) Welcher Würfel hätte das gleiche Volumen wie alle Bausteine? Berechne sein Volumen und seine Kantenlänge.

2.

Dieses ist der größte Kronleuchter der Welt. Er ist 12 m hoch, 10,67 t schwer, hat 700 Glühbirnen und schmückt drei Stockwerke eines Kaufhauses in Seoul (Korea). Um welchen Betrag würde die jährliche Stromrechnung deiner Eltern steigen, wenn ihr diesen Leuchter zu Hause hättet?
(Stärke jeder Glühbirne: 100 Watt; Brenndauer pro Tag: 4 Stunden; Preis für eine Kilowattstunde: 11 Cent) Schätze zuerst, dann rechne.

3.

Alan McKay aus Neuseeland gelang 1996 mit einer Länge von 35 m die längste Seifenblase. Er benutzte dazu einen einfachen Stabring, Flüssigseife, Glyzerin und Wasser.
Wie viel m³ Luft fasst eine solche Blase? Nimm an, die Blase hat die Form eines Zylinders mit einem Durchmesser von 80 cm.

Merkwürdige Rekorde

1 Zahlen und Größen

4.

1992 wurden in Göppingen 1 500 kg Rouladen zu einem Döner geformt, der 4,45 m Umfang hatte und 1,45 m hoch war. Welches Volumen hatte der zylinderförmige Döner? Wie viele Portionen zu je 125 g konnten verkauft werden?

5. 1995 legte der Schweizer Stefan Gauler auf seinem Hocheinrad 16 048 m in einer Stunde zurück. Wie viel Umdrehungen machte das Einrad bei einem Durchmesser von 60 cm?
Wie viele Umdrehungen hätte das kleinste Einrad (Durchmesser 20 mm) benötigt, mit dem Peter Rosendahl 1995 in Hamburg fuhr?

6.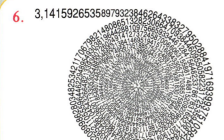

1999 wurden in Tokio die ersten 68,7 Milliarden Stellen der Zahl π errechnet. Am 9. und 10. März 1987 sagte der Japaner Hideaki Tomoyori die ersten 40 000 Stellen von π aus dem Gedächtnis auf. Er brauchte dazu 17:21 Stunden, eine Pause von 4:15 Stunden eingeschlossen. Angenommen, er könnte alle 1999 errechneten Stellen von π auswendig lernen, wie lange würde er bei gleicher Sprechgeschwindigkeit mit gleichem Anteil von Pausen zum Aufsagen brauchen?

Fotos entnommen aus dem GUINNESS BUCH DER REKORDE

2 Lineare Gleichungssysteme

2 Lineare Gleichungssysteme

Eine Gleichung mit zwei Variablen

> Die Lösungen einer linearen Gleichung $ax + by = c$ sind Zahlenpaare $(x|y)$. Die entsprechenden Punkte liegen auf einer Geraden.

Bestimme drei ganzzahlige Lösungen der Gleichung $2y - 4x = 6$

1. Gleichung nach y auflösen $2y = 4x + 6 \ | : 2$ $y = 2x + 3$
2. Graph zeichnen
3. Ganzzahlige Lösungen (Gitterpunkte) ablesen
4. Probe durch Einsetzen $(1|5): 2 \cdot 5 - 4 \cdot 1 = 6$ wahr

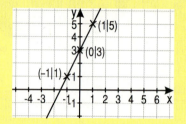

Aufgaben

1. Welche der angegebenen Zahlenpaare sind Lösungen der Gleichung? Prüfe durch Einsetzen.
   a) $3x - 2y = 4$
      $(2|1), (-3|4)$
   b) $0{,}5x + 3y = 4{,}5$
      $(2|-3), (-3|2)$
   c) $-x + 4y = -3$
      $(1|4), (-2|-7)$
   d) $5x - 2y = -4$
      $(0|2), (-2|-3)$
   e) $2x - 0{,}5y = 8$
      $(5|4), (0{,}5|6)$

2. Löse die Gleichung nach y auf und zeichne den Graphen (Einheit 1 cm). Lies vier Lösungen ab.
   a) $-2x + y = -4$
   b) $-x + y = 2$
   c) $3y = 6x - 9$
   d) $3x + y = 5$
   e) $-2x - 4y = 6$
   f) $0{,}5x - y = 2$
   g) $1{,}5x - 0{,}5y = -1$
   h) $6x - 4y = 8$
   i) $-2x + 0{,}5y = 3$
   j) $-x - y = 4$

3. Ein Fuhrunternehmer hat zwei LKWs:
Der eine kann 5 t laden, der andere 7,5 t. Zu einer Baustelle müssen 150 t Sand transportiert werden.
   a) Der große LKW fährt 14 Mal. Wie oft muss der kleine LKW noch fahren?
   b) Notiere die Gleichung für x und y, löse sie auf und zeichne den Graphen (Einheit 0,5 cm).
   c) Markiere alle Punkte, die zu Lösungen gehören.
   d) Warum sind nicht alle Punkte der Geraden Lösungen?

4. Stelle eine Gleichung auf, zeichne den Graphen und markiere sechs Lösungen.
   a) Die Summe zweier Zahlen beträgt 9,5.
   b) Die Differenz zweier Zahlen beträgt −4,5.
   c) Verdoppelt man eine Zahl und addiert das Dreifache einer anderen, so erhält man −4.

5. Stelle eine Gleichung auf, zeichne den Graphen und gib vier Lösungen an.

a) 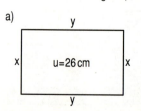 b)   c) 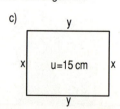 d)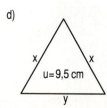

2 Lineare Gleichungssysteme

Zwei Gleichungen mit zwei Variablen

> Zwei lineare Gleichungen zusammen bilden ein lineares **Gleichungssystem.** Seine Lösung erfüllt beide Gleichungen gleichzeitig. Man erhält sie durch den Schnittpunkt der Graphen.

Löse das Gleichungssystem
I $x + y = 3$
II $3x + y = -1$

1. Beide Gleichungen nach y auflösen.
   I $y = -x + 3$
   II $y = -3x - 1$
2. Beide Graphen zeichnen
3. Lösung (Koordinaten des Schnittpunktes) ablesen: $(-2|5)$
4. Probe durch Einsetzen in I und II:
   I li. Seite: $-2 + 5 = 3$ re. Seite: 3
   II li. Seite: $3 \cdot (-2) + 5 = -1$ re. Seite: -1

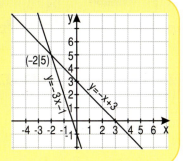

Aufgaben

1. Bestimme die Lösung zeichnerisch und mache die Probe.
   a) $y = 2x - 2$ b) $y = -x + 5$ c) $3x - 2y = -6$ d) $x + y = 5$ e) $3x - y = -10$
      $y = 3x - 4$ $y = 3x - 3$ $-2x + 2y = 7$ $-x - y = -5$ $-2x + y = 8$

2. Tina kauft beim Fleischergrill 2 Bratwürstchen und 3 Portionen Pommes. Sie bezahlt 6 €. Frau Mentner bezahlt für 4 Würstchen und eine Portion Pommes 7 €.
   a) Schreibe zwei Gleichungen mit x (Preis für 1 Würstchen) und y (Portion Pommes):
      I 2 Würstchen und 3 Portionen Pommes: 6 €.   II 4 Würstchen und 1 Portion Pommes: 7 €.
   b) Löse beide Gleichungen nach y auf und zeichne die Graphen im Koordinatensystem.
   c) Lies den Preis für eine Bratwurst und eine Portion Pommes ab.

3. In einer Halle stehen Motorräder und Autos. Die insgesamt 23 Fahrzeuge haben zusammen 62 Räder. Wie viele Fahrzeuge jeder Sorte stehen in der Halle?

4.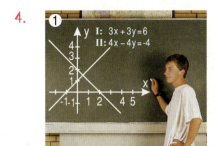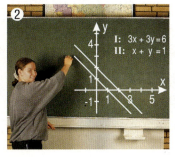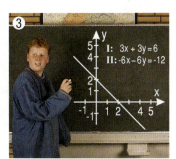

   a) Gib jeweils die Anzahl der Lösungen an.
   b) Löse die Gleichungen nach y auf und erkläre, woran man an den aufgelösten Gleichungen erkennen kann, wie viele Lösungen das Gleichungssystem hat.

5. Löse nach y auf: Wie viele Lösungen gibt es? Wenn es genau eine Lösung gibt, bestimme sie zeichnerisch.
   a) $-10x + 6y = -16$ b) $15x - 3y = 9$ c) $7x - 8y = 4$ d) $2x + 4y = 10$ e) $-0,5x + 0,5y = 1$
      $5x - 3y = 8$ $-2x + y = 0$ $3,5x - 4y = 2$ $3x + 6y = 18$ $4x - 3y = 0$

2 Lineare Gleichungssysteme

Gleichsetzungsverfahren

| Löse das Gleichungssystem durch Gleichsetzen
I $y - 3x = -5$
II $y - 4x = -9$ | Nach derselben Variablen auflösen
I $y = 3x - 5$
II $y = 4x - 9$ | Gleichsetzen $3x - 5 = 4x - 9$ und die Gleichung lösen:
$x = 4$ | Diesen Wert in eine Gleichung einsetzen $y - 3 \cdot 4 = -5$ und Gleichung lösen:
$y = 7$ | Probe durch Einsetzen in die andere Gleichung:
li. Seite: $7 - 4 \cdot 4 = -9$
re. Seite: -9 |

Aufgaben

1. Löse das Gleichungssystem und mache die Probe.

a) $y = 8x + 4$
   $y = 3x + 14$

b) $y = 5x - 23$
   $y = 3x - 11$

c) $x = 7y - 11$
   $x = 3y - 3$

d) $x = 5y - 3$
   $x = 3y + 1$

e) $y = 3x - 10$
   $y = x - 4$

f) $y = 5x - 35$
   $y = 9x - 67$

g) $y = 8x - 44$
   $y = 2x - 8$

h) $x = 3y - 4$
   $x = y - 10$

i) $y = 2x - 7$
   $y = 3x - 9$

j) $x = 3y - 18$
   $x = 5y - 32$

2.
a) $x + 2y = 3$
   $x + 4y = 5$

b) $x + 4y = 25$
   $x + 5y = 30$

c) $6x + y = 34$
   $x + y = 9$

d) $9x + y = 70$
   $x + y = 14$

e) $-x + 4y = 28$
   $-x - 9y = -37$

f) $x + 9y = -41$
   $x - 4y = 24$

g) $4x - y = 39$
   $7x - y = 63$

h) $6x + y = 57$
   $3x + y = 30$

3.
a) $2x + 2y = 10$
   $2x + 18y = 42$

b) $6x + y = 57$
   $2y + 6x = 60$

c) $-3x - 6y = -30$
   $2x - 6y = -60$

d) $8y - 4x = 20$
   $-x + 8y = 23$

e) $6x - 3y = 39$
   $6x - y = 33$

f) $9y - 3x = 21$
   $-x + 9y = 25$

I $2y - 5x = 4$
II $2 + 2y = 6x$ | Nach $2y$ auflösen

I $2y = 5x + 4$
II $2y = 6x - 2$ | Gleichsetzen

Vielfaches einer Variablen.

4. Löse wie im Beispiel mit dem Einsetzungsverfahren.

a) $3x + 2y = 12$
   $y = 2x - 1$

b) $x = 5y - 19$
   $2x + 9y = 38$

c) $y = x + 25$
   $6x + 6y = 66$

d) $5x + 3y = 29$
   $y = 4x - 13$

e) $4y - 5x = 22$
   $y = 3x + 9$

f) $9x + 3y = 30$
   $x = 7y - 4$

g) $y = 7x - 32$
   $8x + 4y = 52$

h) $y = 2x + 7$
   $3x + 4y = 6$

i) $2x + 3y = -8$
   $x = 4y + 7$

I $3x + 5y = 8$
II $y = 12 - 11x$

$3x + 5(12 - 11x) = 8$
$3x + 60 - 55x = 8$
$-52x = -52$
$\underline{\underline{x = 1}}$
$y = 12 - 11 \cdot 1$
$\underline{\underline{y = 1}}$

Wie hast du das gerechnet?

Ich habe den Term für y aus II in Gleichung I eingesetzt.

*Sehr pfiffig! Das ist das **Einsetzungsverfahren**.*

5.
a) $3y - 2x = 4$
   $x = 2y + 3$

b) $x = 45 - 8y$
   $3x + 6y = 45$

c) $3x + 8y = 34$
   $x = 20 - 7y$

d) $7x + 7y = 84$
   $y = 28 - 3x$

e) $y = 6x + 15$
   $7x - 2y = -35$

f) $x = 17 - 5y$
   $2x - 4y = 20$

2 Lineare Gleichungssysteme

Einsetzungsverfahren

Löse das Gleichungssystem durch Einsetzen	Eine Gleichung nach einer Variablen auflösen	Term in andere Gleichung einsetzen und lösen	Berechneten Wert in die aufgelöste Gleichung einsetzen	Probe durch Einsetzen in die andere Gleichung:
I $3x + 5y = 8$ II $11x + y = 12$	I $3x + 5y = 8$ II $y = 12 - 11x$	$3x + 5(12 - 11x) = 8$ $x = 1$	$y = 12 - 11 \cdot 1$ $y = 1$	li. Seite: $3 \cdot 1 + 5 \cdot 1 = 8$ re. Seite: 8

Aufgaben

1. Löse das Gleichungssystem und mache die Probe.

a) $3x + 2y = 12$
   $y = 2x - 1$

b) $x = 5y - 19$
   $2x + 9y = 38$

c) $y = x + 25$
   $6x + 6y = 66$

d) $5x + 3y = 29$
   $y = 4x - 13$

e) $4y - 5x = 22$
   $y = 3x + 9$

f) $9x + 3y = 30$
   $x = 7y - 4$

g) $y = 7x - 32$
   $8x + 4y = 52$

h) $y = 2x + 7$
   $3x + 4y = 6$

i) $2x + 3y = -8$
   $x = 4y + 7$

j) $y = 16 - 2x$
   $2x - 3y = 0$

2. a) $3y - 2x = 4$
   $x - 2y = 3$

b) $x + 8y = 45$
   $3x + 6y = 45$

c) $3x + 8y = 34$
   $x + 7y = 20$

d) $7x + 7y = 84$
   $3x + y = 28$

e) $y - 6x = 15$
   $7x - 2y = -25$

f) $x + 5y = 17$
   $2x - 4y = 20$

g) $y - 2x = -19$
   $7x - 6y = 89$

h) $3x - 9y = 39$
   $8x + y = -21$

3. a) $2x + 5y = 13$
   $2x = 7 - 2y$

b) $2x + 3y = 1$
   $3y = 99 - 12x$

c) $2x = 32 - 10y$
   $2x + 4y = 20$

I $5y - 7x = 110$
II $5y = 3x - 10$

Term für $5y$ in **I** einsetzen:
$3x - 10 - 7x = 110$

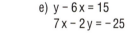

d) $6y = 12x - 96$
   $-7x + 6y = -89$

e) $3x = 2y - 6$
   $3y + 3x = -24$

f) $5y = 3x - 1$
   $2x + 5y = 9$

4. a) $3x + 4y = 18$
   $2x + 4y = 18$

b) $4x + 2y = 16$
   $4x + 3y = 14$

c) $2x - 3y = 0$
   $2x + 4y = 14$

I $3x - 2y = 13$
II $5x - 2y = 19$ **I** nach $2y$

d) $2x - 6y = 22$
   $2x + 8y = -6$

e) $3x - 7y = 2$
   $4x - 7y = 5$

f) $8x + 2y = 26$
   $3x + 2y = 16$

I $3x - 2y = 13$
II $2y = 5x - 19$

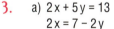

5.

$x = 1$ $y = 1$	$x = -2$ $y = 1$	a) $2x - 3y = 3$ $y = 3x - 8$	c) $2x - 2y = 2$ $2y = x + 4$	$x = 6$ $y = 5$	$x = 4$ $y = 3$
b) $y - 2x = -1$ $3x + 2y = 5$		d) $3x + 2y = -4$ $3x - y = -7$	$x = -3$ $y = 2$	e) $4x - 2y = 10$ $3x - 2y = 6$	$x = 3$ $y = 1$

2 Lineare Gleichungssysteme

Additionsverfahren

Löse das Gleichungssystem durch Addieren I $3x - 6y = 12$ II $5x + 3y = 7$	Umformen, sodass bei einer Variablen Gegenzahlen sind I $3x - 6y = 12$ II $5x + 3y = 7 \mid \cdot 2$	Addieren I $3x - 6y = 12$ II $10x + 6y = 14$ $13x = 26$ $x = 2$	Berechneten Wert in eine Gleichung einsetzen $3 \cdot 2 - 6y = 12$ und lösen $y = -1$	Probe durch Einsetzen in die andere Gleichung li. S.: $5 \cdot 2 + 3 \cdot (-1) = 7$ re. S.: 7

Aufgaben

1. Löse das Gleichungssystem und mache die Probe.

a) $3x - y = 4$
   $4x + y = 3$

b) $x + 2y = 20$
   $-4x - 2y = -26$

c) $6x + 7y = 56$
   $-6x + 5y = -32$

d) $4x + 8y = 60$
   $7x - 8y = -49$

e) $3x + 4y = 10$
   $2x - 4y = 0$

f) $-5x - 5y = 6$
   $5x - 6y = 38$

g) $2x + 5y = 16$
   $3x - 5y = -1$

h) $4x + 9y = 35$
   $-3x - 9y = -33$

i) $2x + 2y = -10$
   $-5x - 2y = 7$

j) $3x + 2y = -1$
   $-3x - 4y = 11$

2. Multipliziere eine Gleichung mit (-1) und wende dann das Additionsverfahren an.

a) $2x + y = 6$
   $6x + y = -6$

b) $4x - 3y = 46$
   $4x - 7y = -14$

c) $-6x + 2y = 26$
   $2x + 2y = 10$

d) $-9x + y = 42$
   $3x + y = -6$

e) $2x + 3y = -3$
   $2x - 2y = -8$

f) $-9x + 7y = 42$
   $8x + 7y = -77$

g) $8x + y = 39$
   $8x + 6y = 74$

h) $-x + 9y = -36$
   $-x + 5y = -24$

i) $4x + y = 16$
   $4x - 9y = -24$

j) $3x + 6y = 27$
   $5x + 6y = 37$

3. Multipliziere zuerst eine Gleichung so, dass es bei x oder y Gegenzahlen gibt.

a) $2x - 3y = 8$
   $5x + 6y = 20$

b) $3x + 6y = 39$
   $-8x + 3y = -66$

c) $3x + 6y = -57$
   $-7x + 2y = -11$

d) $2x + 9y = 1$
   $4x + 4y = 16$

e) $2x + 7y = 51$
   $6x - 3y = -63$

f) $2x + 9y = -3$
   $4x + 4y = 8$

g) $-8x + 6y = 26$
   $6x + 3y = 33$

h) $4x + 2y = -26$
   $8x - 3y = -31$

4. Multipliziere zuerst beide Gleichungen so, dass es bei x oder y Gegenzahlen gibt.

a) $-6x + 4y = 20$
   $8x + 3y = 40$

b) $8x + 3y = 44$
   $6x - 7y = -4$

c) $7x + 9y = -37$
   $3x - 2y = -10$

| I $-2x + 4y = 24$ $\mid \cdot 3$ |
| II $3x + 6y = 60$ $\mid \cdot 2$ |
| I $-6x + 12y = 72$ |
| II $6x + 12y = 120$ |

d) $8x + 9y = -40$
   $5x + 4y = -12$

e) $-5x + 7y = 101$
   $4x + 3y = -12$

f) $3x - 6y = -57$
   $2x + 2y = -8$

5.

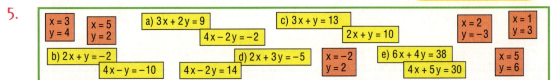

Anwendungen

Dana kauft Negativfilme zu 3 € und Diafilme zu 5 €. Für insgesamt 11 Filme zahlt sie 43 €. Wie viele Filme jeder Sorte hat sie gekauft?

	Anzahl	Preis (€)
Neg.-film	x	3x
Diafilm	y	5y
zusammen	x + y = 11	3x + 5y = 43

Gleichungssystem
I   x + y = 11
II 3x + 5y = 43
lösen:
...
...
x = 6, y = 5

Probe am Text:
– Filme insgesamt:
  6 + 5 = 11
– Gesamtpreis (€)
  $3 \cdot 6 + 5 \cdot 5$
  = 18 + 25
  = 43

Aufgaben

1. Für eine Klassenfete kaufen Julia und Marco Limonade zu 0,80 € und Cola zu 1,50 € ein. Für insgesamt 35 Flaschen zahlen sie 42 €. Wie viele Flaschen jeder Sorte haben sie gekauft?

2. Saed bezahlt für die Entwicklung von 2 Filmen und 72 Abzüge 24,78 €. Nadine lässt in demselben Geschäft 3 Filme entwickeln und 85 Abzüge herstellen und zahlt 30,50 €. Berechne den Preis für eine Filmentwicklung und einen Abzug.

3. a)    b)

4. Für ein Wohnmobil zahlt man pro Tag eine Grundgebühr und einen Geldbetrag pro gefahrenen Kilometer. Familie Koschak zahlt 614,85 € für 4 Tage und 465 km. Familie Wöhler ist 7 Tage unterwegs und fährt insgesamt 920 km. Sie muss 1 106,80 € bezahlen. Wie hoch sind die Grundgebühr pro Tag und der Preis für einen Kilometer?

5. a) Tom kauft 3 Skalare und einen Wels für 12,80 €. Seine Freundin Tina zahlt für 2 Skalare und 2 Welse 13,80 €.
   b) Norman kauft 20 Neonfische und 3 Schwertträger für 16,35 €, sein Vater 10 Neonfische und 5 Schwertträger für 13,25 €.
   c) An Pflanzen kauft Niko 5 Valisnerien und 3-mal Wasserpest und zahlt 3,10 €. Felix bekommt für 3,30 € 3 Valisnerien und 5-mal Wasserpest.

6. Frau Galuhn kauft 200 g Salami und 300 g Schinken für zusammen 12,49 €. Herr Brand zahlt für 500 g Salami und 200 g Schinken 15,33 €. Wie viel kosten jeweils 100 g?

7. Herr Berg kauft 500 g Fleisch und 250 g Aufschnitt und zahlt 8,60 €. Für 750 g Fleisch und 200 g Aufschnitt zahlt Frau Stüwe 10,31 €. Wie teuer sind jeweils 100 g?

8. Ein Sohn der Familie Dörries sagt: Ich habe doppelt so viele Schwestern wie Brüder. Eine seiner Schwestern sagt: Ich habe genauso viele Schwestern wie Brüder. Wie viele Söhne und Töchter hat die Familie?

2 Lineare Gleichungssysteme

9. Eine Mutter war vor 8 Jahren 3-mal so alt wie ihr Sohn. In 2 Jahren wird der Sohn halb so alt wie seine Mutter sein.

Alter (Jahre)	heute	vor 8 Jahren	in 2 Jahren
Mutter	x	x − 8	x + 2
Sohn	y	y − 8	y + 2
		x − 8 = ▇	x + 2 = ▇

10. Fabian ist heute 4-mal so alt wie seine kleine Schwester. Vor 3 Jahren war er 7-mal so alt.

11. Vor 3 Jahren war Mirko 3-mal so alt wie Kader. Heute ist er 2 Jahre jünger als beide vor 3 Jahren zusammen waren.

12. Jennifers Großmutter ist heute 5-mal so alt wie Jennifer. Vor 5 Jahren war sie 7-mal so alt.

13. Addiert man zum 4-fachen einer Zahl das 6-fache einer zweiten, erhält man 6. Zieht man jedoch vom Doppelten der ersten Zahl das 6-fache der zweiten ab, so erhält man 12.

> 1. Zahl: x   2. Zahl: y
> 4-faches 1. Zahl + 6-faches 2. Zahl = 6
> I $4x + 6y = 6$
> Doppeltes 1. Zahl − 6-faches 2. Zahl = 12
> II $2x − 6y = 12$

ZAHLEN-RÄTSEL

14. Die Summe aus dem 4-fachen einer Zahl und dem 3-fachen einer anderen ist 1. Die Summe aus dem 3-fachen der ersten Zahl und dem 4-fachen der zweiten ist 6.

15.
a) Die Summe aus zwei Zahlen ist 9. Ihre Differenz ist 14.
b) Die Quersumme einer zweistelligen Zahl ist 12. Die Zehnerziffer ist um 4 kleiner als die Einerziffer.
c) Addiert man zum Dreifachen einer Zahl eine zweite, erhält man 48. Subtrahiert man vom Dreifachen der ersten Zahl die zweite erhält man 13.
d) Die Differenz zweier Zahlen ist 11. Addiert man zum Dreifachen der größeren die kleinere Zahl, so erhält man 65.
e) Die Summe aus dem 3fachen einer Zahl und dem Doppelten einer zweiten Zahl ist 1. Die Summe aus dem Doppelten der ersten Zahl und dem Dreifachen der zweiten ist −6.
f) Die Summe zweier Zahlen ist 37. Subtrahiert man vom Doppelten der ersten das Dreifache der zweiten Zahl, erhält man 13.

16. Vermehrt man Zähler und Nenner eines Bruches um 1, so hat der Bruch den Wert $\frac{2}{3}$. Vermindert man dagegen Zähler und Nenner um 1, hat der Bruch den Wert $\frac{1}{2}$.

> Zähler: x
> Nenner: y

17. Addiert man zum Zähler eines Bruches 3 und zum Nenner 1, hat der Bruch den Wert 1. Subtrahiert man vom Zähler 4 und vom Nenner 3, hat der Bruch den Wert $\frac{1}{2}$.

18. Die Summe aus Zähler und Nenner eines Bruches ist 10. Addiert man zum Zähler 1 und subtrahiert man vom Nenner 3 hat der Bruch den Wert 1.

19. Der Nenner eines Bruches ist um 2 größer als der Zähler. Vermehrt man den Zähler um 1 und den Nenner um 5, so hat der Bruch den Wert $\frac{1}{2}$.

20.
a) Die Quersumme einer zweiziffrigen Zahl ist 14. Vertauscht man die beiden Ziffern, so wächst die Zahl um 18.
b) Die Quersumme einer zweiziffrigen Zahl ist 11. Vertauscht man die beiden Ziffern, so wird die Zahl um 45 kleiner.
c) Eine zweiziffrige Zahl ist dreimal so groß wie ihre Quersumme. Die Zehnerziffer ist um 5 kleiner als die Einerziffer.

> Zehnerziffer: x
> Einerziffer: y
> Zahl: $10x + y$

21. Der Umfang eines Rechtecks beträgt 168 cm. Die größere Seite ist um 12 cm länger als die kleinere. Welchen Flächeninhalt hat das Rechteck?

a um 12 cm länger als b:
I $a = b + 12$
Umfang 168 cm:
II $2a + 2b = 168$

22. Der Umfang eines Rechtecks beträgt 132 cm. Die eine Seite ist um 8 cm kürzer als die andere. Welchen Flächeninhalt hat das Rechteck?

23. Berechne die Seiten im Rechteck.
 a) Eine Seite ist 9 cm kürzer als die andere. Der Umfang beträgt 50 cm.
 b) Das Rechteck ist doppelt so lang wie breit. Sein Umfang beträgt 21 cm.
 c) Der Umfang beträgt 58 cm. Die Differenz der Seiten ist 7 cm.
 d) Der Umfang beträgt 98 cm. Eine Seite ist 8 cm länger als die andere.

24. Berechne die Seiten im gleichschenkligen Dreieck.
 a) Ein Schenkel ist 6,5 cm kürzer als die Basis. Der Umfang beträgt 41 cm.
 b) Ein Schenkel ist dreimal so lang wie die Basis. Der Umfang beträgt 17,5 cm.
 c) Die Basis ist halb so lang wie ein Schenkel. Der Umfang beträgt 36 cm.
 d) Ein Schenkel ist 17 cm länger als die Basis. Der Umfang beträgt 100 cm.

25. Berechne die Winkel im gleichschenkligen Dreieck.
 a) Ein Basiswinkel ist um 66° kleiner als der Winkel an der Spitze.
 b) Der Winkel an der Spitze ist 2,5-mal so groß wie ein Basiswinkel.
 c) Die Summe der Basiswinkel ist um 46° größer als der Winkel an der Spitze.
 d) Ein Basiswinkel ist um 27° größer als der Winkel an der Spitze.

26. Ein Rechteck mit den Seiten x und y hat 42 cm Umfang. Verkürzt man Seite x um 4 cm und verlängert Seite y um 4 cm, entsteht ein neues Rechteck mit 4 cm² weniger Flächeninhalt.
 a) Gib zwei Gleichungen an:
   I Umfang des 1. Rechtecks = 42
   II Fläche 1. Rechteck = Fläche 2. Rechteck + 4
 b) Forme die zweite Gleichung so um, dass sie linear wird.
 c) Löse das Gleichungssystem. Wie lang sind die Seiten des ursprünglichen Rechtecks?

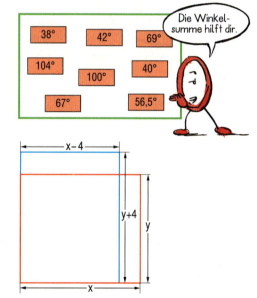

27. Verlängert man die kurze Seite eines Rechtecks um 7 cm und verkürzt die längere um 5 cm, so wächst der Flächeninhalt um 31 cm². Verlängert man die kurze Seite um 5 cm und verkürzt die längere um 7 cm so verringert sich der Flächeninhalt um 29 cm².

28. a) Verkürzt man in einem Rechteck die längere Seite um 6 cm und die kürzere um 3 cm, so entsteht ein Quadrat, dessen Fläche um 126 cm² kleiner ist, als die Fläche des Rechtecks.
 b) Verlängert man in einem Rechteck die längere Seite um 8 cm und die kürzere um 19 cm, so entsteht ein Quadrat, dessen Fläche um 820 cm² größer ist als die Fläche des Rechtecks.

Lineare Ungleichungen mit zwei Variablen

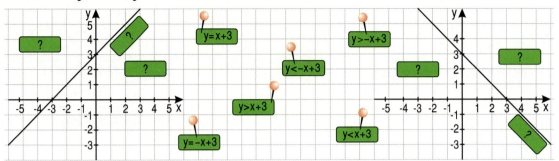

Die Lösungen einer linearen Ungleichung ax + by > c oder ax + by < c sind Zahlenpaare (x|y).
Die entsprechenden Punkte liegen in einer Halbebene, die von der Geraden ax + by = c begrenzt wird.

Bestimme drei ganzzahlige Lösungen der Ungleichung
3x − 2y < 8

So auflösen, dass bei y eine positive Zahl als Faktor steht.

1. Ungleichung nach y auflösen
   3x − 2y < 8 | + 2y
   3x < 8 + 2y | − 8
   3x − 8 < 2y | : 2
   $\frac{3}{2}$ x − 4 < y
2. Graph der zugehörigen Gleichung zeichnen
3. Halbebene der Lösungen markieren
4. ganzzahlige Lösungen (Gitterpunkte) ablesen
5. Probe durch Einsetzen
   (2|4): 3 · 2 − 2 · 4 < 8 wahr

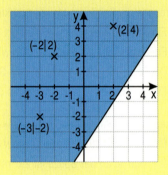

Aufgaben

1. Zeichne den Graphen der Gleichung und färbe die Halbebene für die Lösungen der Ungleichung.
   a) y < $\frac{1}{2}$ x + 3
   b) y > $\frac{1}{4}$ x − 2
   c) y > 2x + 1
   d) y < −3x + 4
   e) y < −$\frac{1}{2}$ x − 1
   f) 2x + y < 5
   g) $\frac{1}{3}$ x + 2y < 6
   h) −$\frac{3}{4}$ x − 3y > 3
   i) 2x + 5y < 10
   j) 14x − 7y > −28

2. Die Summe aus dem Doppelten einer Zahl x und dem Dreifachen einer Zahl y ist kleiner als 12.
   a) Notiere die zugehörige Ungleichung.
   b) Löse die Ungleichung nach y auf und veranschauliche die Lösungen graphisch.
   c) Gib drei Zahlenpaare an, welche die Ungleichung erfüllen.

3. Veranschauliche die Lösungen im Koordinatensystem und gib drei Zahlenpaare an, die Lösungen sind.
   a) Subtrahiert man von einer Zahl x das Vierfache einer Zahl y, so ist die Differenz größer als 8.
   b) Die Summe aus einer Zahl x und dem Doppelten einer Zahl y ist kleiner als 4.

4. Für eine Italienrundreise möchte Herr Schlehdorn Diafilme (Anzahl x) zu 3 € und Filme für Papierbilder (Anzahl y) zu 2 € kaufen. Er will aber weniger als 20 € ausgeben.
   a) Stelle eine Ungleichung für x und y auf, die den Filmkauf beschreibt.
   b) Veranschauliche die Lösungen der Ungleichung im Koordinatensystem.
   c) Gib alle Kaufmöglichkeiten an, die Herr Schlehdorn hat.

2 Lineare Gleichungssysteme

Lineare Ungleichungssysteme

> Die Lösungen (x|y) eines **Systems** linearer Ungleichungen sind die *gemeinsamen* Lösungen beider Ungleichungen. Die entsprechenden Punkte liegen dort, wo sich die einzelnen Lösungshalbebenen überschneiden.

Löse das Ungleichungssystem

I $-2x + y < 1$
II $x + y > 2$

1. Beide Ungleichungen nach y auflösen
   I $y < 2x + 1$ II $y > -x + 2$
2. Graph der zugehörigen Gleichungen zeichnen
3. Lösungshalbebenen schraffieren
4. Lösungen (Gitterpunkte) im Überschneidungsgebiet ablesen
5. Probe durch Einsetzen in **beide** Ungleichungen, z. B. (5|5)
   I $-2 \cdot 5 + 5 < 1$ wahr   II $5 + 5 > 2$ wahr

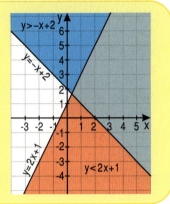

Aufgaben

1. Veranschauliche im Koordinatensystem die Lösungen des Ungleichungssystems und gib vier Zahlenpaare an, die Lösungen sind.

a) I $-10x + 5y > 30$
II $3x + 2y < 5$

b) I $-3x + y < 1$
II $-1,5x + y > -4$

c) I $x + y < 11$
II $-2x + y > 0$

d) I $-x + 2y > 4$
II $-6x + 3y < 18$

e) I $3x + y > 8$
II $2x - 2y > 6$

2. Subtrahiert man vom Dreifachen einer Zahl x eine Zahl y, so ist die Differenz größer als -4. Die Summe der beiden Zahlen ist kleiner als 3.

a) Stelle zwei Ungleichungen für x und y auf.   b) Löse die Ungleichungen nach y auf.

c) Veranschauliche die Lösungen im Koordinatensystem. Lies vier Zahlenpaare (x|y) als Lösungen ab.

3.

a) Schreibe als Gleichung/Ungleichung mit x (Anzahl Rosen) und y (Anzahl Gerbera). Zeichne die Graphen.
   I   mehr als 20 Blumen: $x + y$ ▢
   II weniger als 25 €: $1{,}50x + y$ ▢
   III doppelt so viele Gerbera wie Rosen: $2x$ ▢ y

b) Nenne drei Kombinationsmöglichkeiten, wenn nur die beiden ersten Bedingungen erfüllt sein sollen.

c) Wie viele Rosen und wie viele Gerbera enthält der Strauß, wenn alle Bedingungen erfüllt sein sollen?

4. Marion plant für ihr Aquarium Barsche zu 1,50 € (Anzahl x) und Welse zu 2,50 € (Anzahl y) zu kaufen. Insgesamt möchte sie mehr als 10 neue Fische haben und weniger als 30 € ausgeben. Außerdem sollen es dreimal so viele Barsche wie Welse sein. Wie viele Fische jeder Sorte muss Marion kaufen?

Testen, Üben, Vergleichen
2 Lineare Gleichungssysteme

1. Löse die Gleichung nach y auf und zeichne den Graphen. Lies vier Lösungen ab.
   a) $x + y = 3$ b) $\frac{1}{3}y + x = 2$ c) $\frac{1}{2}(x+y) = 3$

2. Eine Jugendherberge hat x Vierbettzimmer und y Sechsbettzimmer, insgesamt 60 Betten.
   a) Notiere die Gleichung für x und y.
   b) Löse die Gleichung nach y auf und zeichne den Graphen.
   c) Markiere auf der Geraden alle Punkte, die zu möglichen Lösungen gehören.

3. Bestimme die Lösung zeichnerisch und mache die Probe durch Einsetzen in beide Gleichungen.
   a) $y = 2x + 1$ b) $x + y = 2$ c) $4x + 2y = -8$
      $y = 3x - 2$ $-x + 3y = 6$ $2x - y = -8$

4. a) Die Summe zweier Zahlen ist 11. Ihre Differenz beträgt 3.
   b) Die Quersumme einer zweiziffrigen Zahl ist 12. Die Zehnerziffer ist doppelt so groß wie die Einerziffer.

5. Löse mit dem Gleichsetzungsverfahren.
   a) $x + 2y = 8$ b) $3x - 2y = -3$ c) $x - 3y = 7$
      $x - 3y = -2$ $2x - 2y = -4$ $-2x + y = 1$
   d) $3x + y = 5$ e) $4x - 2y = 18$ f) $2y + 3x = 0$
      $y - 2x = -10$ $2y + 4x = 6$ $5y + 2x = -4$

6. Löse mit dem Einsetzungsverfahren.
   a) $y = 3x - 5$ b) $3x - 2y = 5$ c) $2x + 7y = -1$
      $2x + 3y = 7$ $x = 3y - 3$ $2x = 3y + 9$
   d) $2x - 3y = 5$ e) $3x - 2y = 13$ f) $3y = 5x + 3$
      $y = 3x - 11$ $-2y + x = 7$ $2x - 3y = 6$

7. Löse mit dem Additionsverfahren.
   a) $2x + y = 4$ b) $x + 3y = -2$ c) $2x + 3y = 6$
      $3x - y = 1$ $x - 2y = 8$ $x - 6y = -27$
   d) $3x + 4y = 18$ e) $3x + 2y = 4$ f) $4x - 9y = -48$
      $9x - 6y = 0$ $4x - 3y = 11$ $5x + 4y = 1$

8. Zeichne die Graphen und lies vier Lösungen ab.
   a) $y > x + 1$ b) $y < 3x - 5$ c) $x + y > 6$
      $y < -2x + 4$ $x < 3y - 3$ $4x - 2y < 8$

9. Subtrahiert man vom Dreifachen einer Zahl x eine Zahl y, so ist die Differenz größer als 8. Die Summe der beiden Zahlen ist kleiner als 9. Zeichne im Koordinatensystem und gib vier Lösungen an.

Lineare Gleichungen lassen sich auf die Form $ax + by = c$ bringen mit einer Geraden als Graph; ihre Lösungen (x|y) sind die Koordinaten der Geradenpunkte.

Die Lösung (x|y) eines **Systems** von zwei linearen Gleichungen ist die gemeinsame Lösung beider Gleichungen. Man erhält sie als Koordinaten des Schnittpunkts beider Geraden.

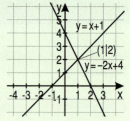

Gleichsetzungsverfahren
I $y - 2x = -1$ | Beide Gleichungen nach
II $y + 3x = 9$ | derselben Variablen auflösen
I $y = 2x - 1$ | Gleichsetzen
II $y = 9 - 3x$ | $2x - 1 = 9 - 3x$

Einsetzungsverfahren
I $3x + y = 6$ | Eine Gleichung auflösen
II $2x + 3y = 11$
I $y = 6 - 3x$ | Einsetzen
II $2x + 3y = 11$ | $2x + 3(6 - 3x) = 11$

Additionsverfahren
I $2x - 3y = 1$ $|\cdot(-2)$ Umformen, sodass
II $4x - 5y = 3$ bei einer Variablen
                              Gegenzahlen sind
I $-4x + 6y = -2$ Addieren
II $\underline{4x - 5y = 3}$
        $y = 1$

Die Lösungen (x|y) einer **linearen Ungleichung** sind die Koordinaten der Punkte einer Halbebene, begrenzt von der Geraden für die entsprechende Gleichung.
Die Lösungen (x|y) eines **Systems von zwei linearen Ungleichungen** sind die *gemeinsamen* Lösungen beider Ungleichungen.

Testen, Üben, Vergleichen
2 Lineare Gleichungssysteme

1. Dana kauft Filzstifte zu 1 € und Schreibblöcke zu 1,50 €. Insgesamt zahlt sie für 17 Teile 19,50 €. Wie viele Filzstifte und wie viele Blöcke hat sie gekauft?

2. Herr Möller kauft Farbfilme zu 4,50 € und Diafilme zu 6 €. Für insgesamt 8 Filme zahlt er 45 €. Wie viele Filme jeder Sorte hat er eingekauft?

3. Gestern holte Frau Weber 3 Mehrkorn- und 8 Roggenbrötchen zu 2,95 €. Heute zahlt sie für 2 Mehrkorn- und 5 Roggenbrötchen 1,88 €. Wie teuer ist ein Brötchen jeder Sorte?

4. Frederik und Julia kaufen Getränke für eine Klassenfete ein. Sie kaufen Apfelsaft zu 0,95 € je Flasche und Mineralwasser zu 0,45 € je Flasche. Insgesamt zahlen sie für 25 Flaschen 16,25 €. Wie viele Flaschen jeder Sorte sind es?

5. Herr Grundmeier kauft für den Technikunterricht Cuttermesser zu 0,98 € und Schraubendreher zu 3,85 € ein. Er zahlt für 36 Teile insgesamt 81,20 €. Wie viele Cuttermesser und wie viele Schraubendreher hat er eingekauft?

6. Herr Laing zahlt für 700 g Fleisch und 300 g Salami 12,30 €. Frau Förster kauft 500 g Fleisch und 200 g Salami für zusammen 8,43 €. Wie teuer sind jeweils 100 g?

7. Frau Weis ist siebenmal so alt wie ihre Tochter. In 8 Jahren wird sie dreimal so alt sein. Wie alt sind beide heute?

8. Vor sechs Jahren war Herr Wollny 5-mal so alt wie sein Sohn. In 3 Jahren wird er 3-mal so alt sein. Wie alt sind beide heute?

9. a) Die Summe zweier Zahlen ist 83. Ihre Differenz ist 13.
   b) Die Summe zweier Zahlen ist 2. Ihre Differenz ist $\frac{3}{4}$.

10. Die Quersumme einer zweistelligen Zahl ist 12. Die Einerziffer ist um 6 größer als die Zehnerziffer.

11. Vermehrt man den Zähler eines Bruches um 3 und den Nenner um 4, so hat der Bruch den Wert $\frac{2}{3}$. Wird sein Zähler aber um 2 vermindert und der Nenner um 1 vermehrt, so hat der Bruch den Wert $\frac{1}{3}$.

12. Addiert man zum 3fachen einer Zahl das Doppelte einer anderen Zahl erhält man 66. Subtrahiert man dagegen das Doppelte der zweiten Zahl vom 3fachen der ersten, erhält man 30.

13. a) Der Umfang eines Rechtecks beträgt 64 cm. Eine Seite ist 8 cm länger als die andere. Wie lang sind die Seiten?
    b) Der Umfang eines gleichschenkligen Dreiecks beträgt 26 cm. Die Basis ist 7 cm kürzer als ein Schenkel. Wie lang sind die Seiten?

14. In einem gleichschenkligen Dreieck ist der Winkel γ um 24° kleiner als ein Basiswinkel. Wie groß sind die Winkel?

15. Zeichne den Graphen und gib drei Lösungen an.
    a) Die Summe aus dem Doppelten einer Zahl x und einer Zahl y ist kleiner als −4.
    b) Subtrahiert man das Vierfache einer Zahl x vom Doppelten einer Zahl y, so ist die Differenz größer als 10.

16. Frau Raske beauftragt die Klassensprecher Max und Tina Getränke für eine Karnevalsfeier einzukaufen: „Kauft Limonade zu 1 € (Anzahl x) und Wasser zu 0,50 € (Anzahl y). Wir brauchen mehr als 20 Flaschen, aber ihr sollt weniger als 25 € ausgeben." Stelle graphisch dar (1 cm für 10 Flaschen) und gib vier Kaufmöglichkeiten an.

3 Strahlensätze und Satzgruppe des Pythagoras

3 Strahlensätze und Satzgruppe des Pythagoras

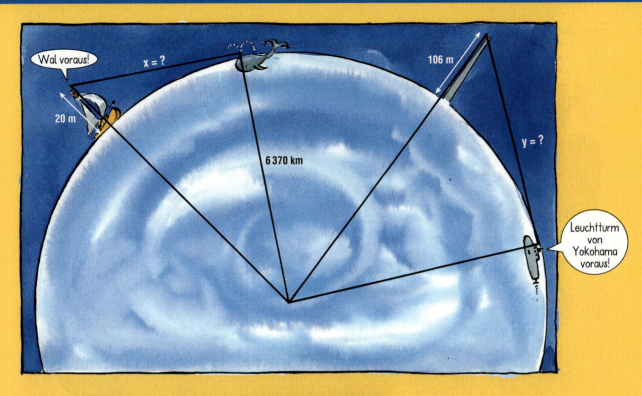

Historische Darstellung: Ägyptische Feldmesser (Seilspanner) mit einem Knotenseil

3 Strahlensätze und Satzgruppe des Pythagoras

Streckenteilung

Man teilt eine Strecke $\overline{AB}$ so in n gleich lange Teilstrecken:

- Von A aus auf einem beliebigen Strahl n gleichlange Teilstrecken abtragen.
- Endpunkt C der n-ten Strecke mit B verbinden.
- Parallelen zu $\overline{BC}$ teilen $\overline{AB}$ in n gleichlange Teilstrecken.

Aufgaben

1. Teile die Strecke $\overline{PQ}$ in n gleichlange Teilstrecken. Miss und überprüfe durch Rechnung.
   a) $\overline{PQ}$ = 13,9 cm; n = 5   b) $\overline{PQ}$ = 15,2 cm; n = 9   c) $\overline{PQ}$ = 11,3 cm; n = 7

2. a) Teile die Strecke $\overline{AB}$ = 10 cm wie im Bild im Verhältnis 3 : 5. Berechne anschließend die Längen und prüfe.
   b) Teile die Strecke $\overline{CD}$ = 13 cm im Verhältnis 1 : 8. Überprüfe durch Rechnung.
   c) Die Strecke $\overline{EF}$ ist 10,9 cm lang. Teile sie im Verhältnis 5 : 2. Überprüfe durch Rechnung.

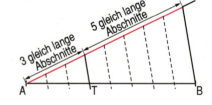

3. a) Teile die Strecke $\overline{AB}$ = 12 cm durch einen Punkt P so, dass $\overline{AP} : \overline{PB}$ = 5 : 6.
   b) Teile die Strecke $\overline{CD}$ = 10,5 cm durch einen Punkt Q so, dass $\overline{CQ} : \overline{CD}$ = 5 : 9.

4. Ein Rechteck hat einen Umfang von 44 cm, Länge und Breite verhalten sich wie 3 : 8. Konstruiere das Rechteck auf einem DIN-A4-Blatt.

5. Die Strecke $\overline{AB}$ wurde in 5 gleichlange Teilstrecken geteilt.
   a) Bestimme folgende Streckenverhältnisse. Sortiere nach gleichen Ergebnissen:
   a : (b + c);   m : l;   n : m;   f : (g + h);   (f + g) : f;
   (a + b) : (d + e);   (a + b + c) : d;
   (f + g + h) : (f + g);   p : m;   (a + b) : a;
   (f + g + h) : i;   (f + g) : (i + k);   (a + b + c) : (a + b)
   b) Welche Strecken haben das Verhältnis 5 : 4?

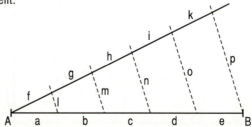

3 Strahlensätze und Satzgruppe des Pythagoras

1. Strahlensatz

1. Strahlensatz
Wenn zwei Strahlen mit gleichem Anfangspunkt von Parallelen geschnitten werden, dann verhalten sich Strecken auf dem einen Strahl wie entsprechende Strecken auf dem anderen Strahl.

$$\frac{\overline{SB}}{\overline{SA}} = \frac{\overline{SD}}{\overline{SC}} \qquad \frac{\overline{SA}}{\overline{AB}} = \frac{\overline{SC}}{\overline{CD}} \qquad \frac{\overline{SB}}{\overline{AB}} = \frac{\overline{SD}}{\overline{CD}}$$

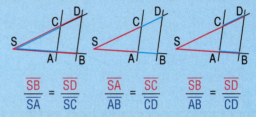

x immer oben links!

Aufgaben

1. Ergänze mithilfe des 1. Strahlensatzes.

a) $\frac{\overline{SE}}{\overline{SF}} = \frac{\blacksquare}{\blacksquare}$ b) $\frac{\overline{BC}}{\overline{SA}} = \frac{\blacksquare}{\blacksquare}$ c) $\frac{\blacksquare}{\blacksquare} = \frac{\overline{SB}}{\overline{AC}}$ d) $\frac{\blacksquare}{\blacksquare} = \frac{\overline{ED}}{\overline{SF}}$

e) $\frac{\overline{SD}}{\blacksquare} = \frac{\blacksquare}{\overline{SC}}$ f) $\frac{\blacksquare}{\overline{DE}} = \frac{\overline{BC}}{\blacksquare}$ g) $\frac{\overline{SE}}{\blacksquare} = \frac{\blacksquare}{\overline{AC}}$ h) $\frac{\blacksquare}{\overline{SA}} = \frac{\overline{EF}}{\blacksquare}$

$\overline{AD} \parallel \overline{BE} \parallel \overline{CF}$

2. Berechne die Länge der Strecke x.

a) 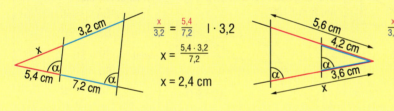 b)  c)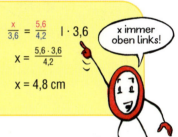

d) 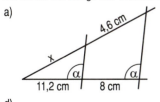 e)  f)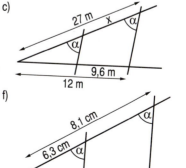

3 Strahlensätze und Satzgruppe des Pythagoras

3. Ein Schornstein wirft einen Schatten von 42 m Länge. Zur gleichen Zeit ist der Schatten einer 1,80 m großen Schülerin 2,25 m lang.

a) Wie hoch ist der Schornstein?

b) Wie lang ist zur gleichen Zeit der Schatten eines 17 m hohen Baumes neben dem Schornstein?

c) Wie hoch wäre der Schornstein, wenn der Schatten des Mädchens 15 cm länger wäre? Schätze zunächst.

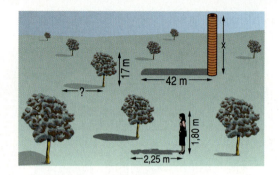

4. a) 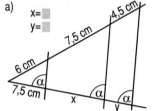 b) 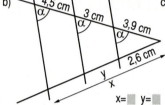 c)

5. Ergänze die Herleitung des 1. Strahlensatzes für sich schneidende Geraden.

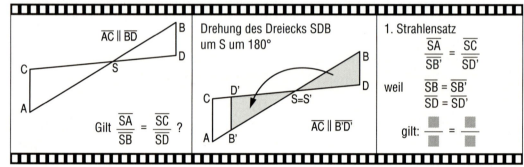

6. Ergänze mithilfe des 1. Strahlensatzes. Es kann mehrere Möglichkeiten geben.

a) $\dfrac{\overline{SH}}{\overline{SA}} = \dfrac{\square}{\square}$ b) $\dfrac{\overline{SD}}{\overline{SK}} = \dfrac{\square}{\square}$ c) $\dfrac{\overline{SE}}{\overline{SM}} = \dfrac{\square}{\square}$ d) $\dfrac{\overline{SF}}{\overline{LM}} = \dfrac{\square}{\square}$

e) $\dfrac{\overline{SA}}{\square} = \dfrac{\square}{\overline{SL}}$ f) $\dfrac{\overline{IK}}{\square} = \dfrac{\square}{\overline{SF}}$ g) $\dfrac{\overline{EF}}{\square} = \dfrac{\square}{\overline{GH}}$ h) $\dfrac{\overline{CK}}{\square} = \dfrac{\square}{\overline{AB}}$

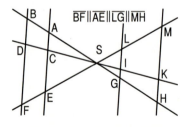

BF ∥ AE ∥ LG ∥ MH

7. Berechne die Längen der Strecken x und y.

a) 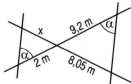 b)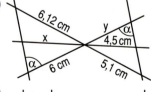

c) d)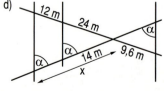

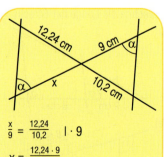

$\dfrac{x}{9} = \dfrac{12{,}24}{10{,}2} \quad |\cdot 9$

$x = \dfrac{12{,}24 \cdot 9}{10{,}2}$

$x = 10{,}8\ cm$

3 Strahlensätze und Satzgruppe des Pythagoras

2. Strahlensatz

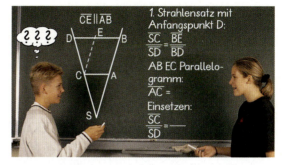

2. Strahlensatz
Wenn zwei Strahlen mit gleichem Anfangspunkt S von Parallelen geschnitten werden, dann verhalten sich die Strecken auf zwei Parallelen wie die zugehörigen von S gemessenen Strecken auf einem der Strahlen.

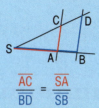

$$\frac{\overline{AC}}{\overline{BD}} = \frac{\overline{SA}}{\overline{SB}}$$

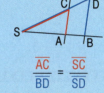

$$\frac{\overline{AC}}{\overline{BD}} = \frac{\overline{SC}}{\overline{SD}}$$

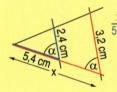

$$\frac{x}{5{,}4} = \frac{3{,}2}{2{,}4} \quad | \cdot 5{,}4$$
$$x = \frac{3{,}2 \cdot 5{,}4}{2{,}4}$$
$$x = 7{,}2 \text{ cm}$$

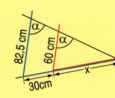

$$\frac{x}{x+30} = \frac{60}{82{,}5} \quad | \cdot (x+30) \cdot 82{,}5$$
$$x \cdot 82{,}5 = 60 \cdot (x+30)$$
$$x = 80 \text{ cm}$$

Aufgaben

1. Ergänze mithilfe des 2. Strahlensatzes.

$\overline{AD} \parallel \overline{BE} \parallel \overline{CF}$

a) $\dfrac{\overline{SA}}{\overline{SC}} = \dfrac{\blacksquare}{\blacksquare}$ b) $\dfrac{\overline{SF}}{\overline{SE}} = \dfrac{\blacksquare}{\blacksquare}$ c) $\dfrac{\overline{AD}}{\overline{BE}} = \dfrac{\blacksquare}{\blacksquare} = \dfrac{\blacksquare}{\blacksquare}$

d) $\dfrac{\overline{SB}}{\blacksquare} = \dfrac{\blacksquare}{\overline{CF}}$ e) $\dfrac{\overline{SC}}{\blacksquare} = \dfrac{\blacksquare}{\overline{AD}}$ f) $\dfrac{\blacksquare}{\overline{SD}} = \dfrac{\overline{CF}}{\blacksquare} = \dfrac{\blacksquare}{\blacksquare}$

2. Berechne die Länge der Strecke x.

a) 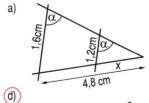 b) 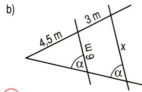 c)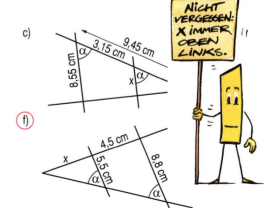

d)   e)  f)

3 Strahlensätze und Satzgruppe des Pythagoras

3.

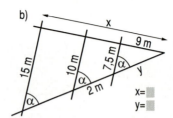

a) x=▢ y=▢

b) x=▢ y=▢

c) x=▢ y=▢

4. Ergänze die Herleitung des 2. Strahlensatzes für sich schneidende Geraden.

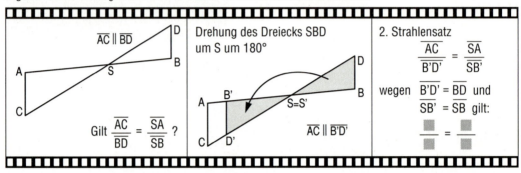

5. Ergänze mithilfe des 2. Strahlensatzes. Es kann mehrere Möglichkeiten geben.

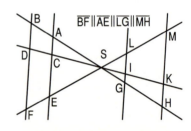

BF ∥ AE ∥ LG ∥ MH

a) $\dfrac{\overline{GL}}{\overline{BF}} = \dfrac{▢}{▢}$
b) $\dfrac{\overline{AC}}{\overline{HK}} = \dfrac{▢}{▢}$
c) $\dfrac{\overline{KM}}{\overline{DF}} = \dfrac{▢}{▢}$
d) $\dfrac{\overline{AE}}{\overline{HM}} = \dfrac{▢}{▢}$

e) $\dfrac{\overline{SC}}{▢} = \dfrac{▢}{\overline{HK}}$
f) $\dfrac{\overline{BD}}{▢} = \dfrac{▢}{\overline{SG}}$
g) $\dfrac{▢}{\overline{SL}} = \dfrac{\overline{EC}}{▢}$
h) $\dfrac{▢}{\overline{SM}} = \dfrac{\overline{AE}}{▢}$

6. Berechne die Längen der Strecken x und y.

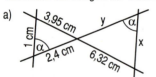
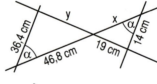
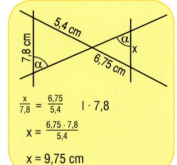

$\dfrac{x}{7,8} = \dfrac{6,75}{5,4}$ | · 7,8

$x = \dfrac{6,75 \cdot 7,8}{5,4}$

x = 9,75 cm

7.

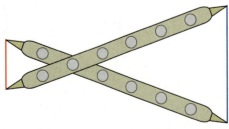
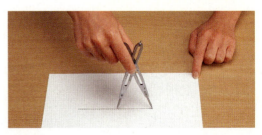

a) Ein *Proportionalzirkel* vergrößert oder verkleinert Strecken in einem bestimmten Maßstab. Gib die Maßstäbe an, mit denen der abgebildete Zirkel vergrößert oder verkleinert.

b) Skizziere Proportionalzirkel, die im Maßstab 3 : 1 bzw. 5 : 3 vergrößern.

3 Strahlensätze und Satzgruppe des Pythagoras

Vermischte Aufgaben

1. a) 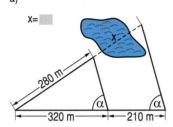 b) 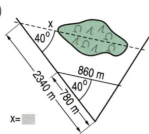 c)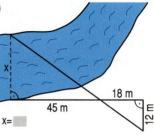

2. a) 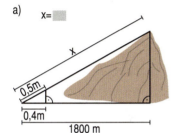 b) 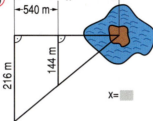 c)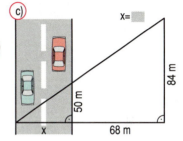

3. a) 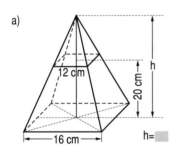 b) 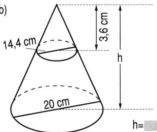 c)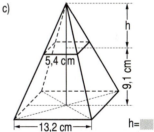

4. Von den sechs Strecken a, b, c, d, e, f sind vier gegeben. Berechne die fehlenden Strecken. Runde auf 1 Stelle nach dem Komma.

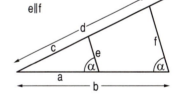

a) a = 11,2 cm
 b = 18,6 cm
 c = 12,2 cm
 f = 9,0 cm

b) b = 21,4 cm
 c = 9,2 cm
 e = 10,6 cm
 f = 19,6 cm

c) b = 12,6 cm
 d = 10,0 cm
 e = 8,2 cm
 f = 15,4 cm

5. Dargestellt ist die zeichnerische Lösung der Gleichung 5 : x = 3,4 : 5,3 nach dem 1. Strahlensatz.

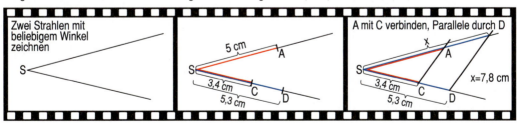

Löse zeichnerisch: a) 4,6 : x = 3,8 : 5,9 b) x : 7,6 = 8,4 : 5,2 c) 4,4 : 7,1 = y : 5,6 d) 9 : 5,6 = 7 : y

6. Löse die Gleichung zeichnerisch nach dem 2. Strahlensatz.

a) 2,7 : x = 5,1 : 8,5
b) 3,6 : 9 = x : 11
c) 7,8 : x = 14,6 : 5,6
d) x : 4,2 = 7 : 9
e) y : 5,9 = 6,1 : 8,8
f) 7,1 : y = 4,8 : 3,1
g) 6,9 : 8,9 = y : 4,5
h) 7 : 5 = 9,2 : y

3 Strahlensätze und Satzgruppe des Pythagoras

7. Umkehrung des 1. Strahlensatzes: *Wenn $\overline{SB}:\overline{SA} = \overline{SD}:\overline{SC}$, dann sind die Geraden AC und BD parallel.*
  a) Begründe dies mit einer Vergrößerung der Strecke $\overline{AC}$ von S aus mit dem Faktor $k = \overline{SB}:\overline{SA}$, sodass A auf B fällt. Warum fällt dann C auf D?
  b) Warum sind die Geraden AC und BD parallel?

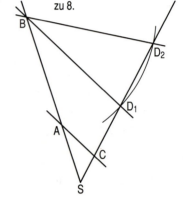

8. Der 2. Strahlensatz ist nicht umkehrbar. Auch wenn $\overline{BD}:\overline{AC} = \overline{SB}:\overline{SA}$ gilt, müssen die Geraden AC und BD nicht unbedingt parallel sein. Begründe dies.

zu 8.

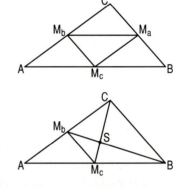

9. Entscheide mit der Umkehrung des 1. Strahlensatzes, ob die Geraden AC und BD parallel sind.

	$\overline{SA}$	$\overline{SB}$	$\overline{SC}$	$\overline{SD}$
a)	3 cm	4 cm	4,8 cm	6,8 cm
b)	10,4 cm	15,6 cm	7,2 cm	10,8 cm
c)	7,8 cm	23,4 cm	13,0 cm	39,0 cm
d)	2,40 m	3,15 m	2,00 m	2,60 m

10. *Jede Mittellinie ist zu einer Dreieckseite parallel und halb so lang wie diese.* (Beispiel: $M_aM_b \parallel AB$ und $\overline{AB}:\overline{M_aM_b} = 2:1$)
Begründe dies, indem du C als Anfangspunkt einer Strahlensatzfigur auffasst und die Umkehrung des 1. Strahlensatzes verwendest.

11. *In einem Dreieck teilen sich die Seitenhalbierenden im Verhältnis 2 : 1.*
($\overline{SC}:\overline{SM_c} = \overline{SB}:\overline{SM_b} = 2:1$)
  a) Begründe dies, indem du den 2. Strahlensatz für sich schneidende Geraden mit S als Zentrum verwendest.
  b) Welche Eigenschaft der Mittellinie $\overline{M_bM_c}$ benötigst du für die Begründung?

12.
> *Papierformate DIN A0, A1, A2, …*
> – Das größte Format, A0, ist ein Rechteck mit 1 m² Fläche.
> – Halbiert man bei einem Format die längere Seite, erhält man das nächstkleinere Format.
> – Alle A-Formate kann man durch Vergrößern oder Verkleinern aus einem Format erhalten.

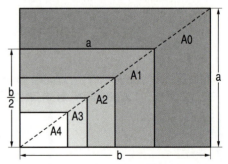

  a) Begründe, warum die Seitenlängen a und b des Formates DIN A0 die beiden angegebenen Gleichungen erfüllen.

  (1) $a \cdot b = 1$ (2) $\dfrac{b}{a} = \dfrac{a}{\frac{1}{2}b}$

  b) Forme die zweite Gleichung um zu $\left(\dfrac{b}{a}\right)^2 = 2$. Begründe: Die längere Seite verhält sich zur kürzeren wie $\sqrt{2}$ zu 1 (also $b = \sqrt{2} \cdot a$). Warum gilt das auch für alle anderen DIN-A-Formate?
  c) Berechne die Seitenlängen des DIN-A0-Formates auf mm genau. Setze dazu $b = \sqrt{2} \cdot a$ in die 1. Gleichung ein. Berechne dann die Seitenlängen der Formate A1, A2, …, A6.

3 Strahlensätze und Satzgruppe des Pythagoras

Anwendungen

1.

Von einem Segelschiff wurde der Frachter unter einem Winkel von 90° gegen die Fahrtrichtung angepeilt, die Entfernung betrug 3,6 km. Nachdem das Segelschiff 8 km zurückgelegt hat, befindet sich der Frachter unter demselben Winkel in 1,7 km Entfernung.

a) Skizziere die Situation im Heft und trage die Entfernungen ein.

b) In welcher Gefahr befinden sich die Schiffe, wenn sie ihre Fahrtrichtung und Geschwindigkeit beibehalten? Berechne die Entfernung des Segelschiffes von der Gefahrenstelle.

2. Die Ägypter bestimmten die Höhe h einer Pyramide durch Messung der Schattenlänge eines Stabes. Berechne die Höhe für a = 3 m, b = 100 m, c = 2 m und d = 240 m.

3. Der Schatten eines 80 cm großen Kindes ist 1,20 m lang. Wie hoch ist ein Baum, der zur gleichen Zeit einen Schatten von 9 m hat?

4. Bestimme die Höhe des Turmes und die Höhe des Baumes. Skizziere zunächst im Heft.

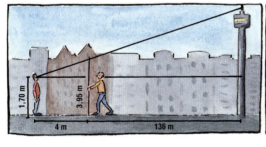 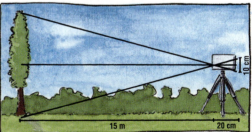

5. Mit dem Storchschnabel kannst du Zeichnungen vergrößern und verkleinern. Dazu werden 4 Stäbe beweglich verbunden.

a) Erkläre, warum der abgebildete Storchschnabel im Maßstab 2:1 vergrößert.

b) Wie verkleinert er im Maßstab 1:2?

c) In welchem Maßstab vergrößern (verkleinern) folgende Storchschnäbel?

(1) 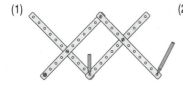 (2)  (3)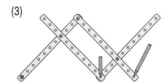

zu 6.
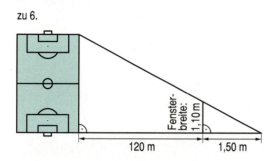

zu 7.
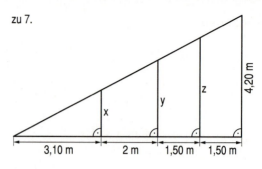

6. Marco steht in seinem Zimmer 1,50 m vom Fenster entfernt und blickt auf einen Sportplatz. Kann er die ganze Länge des Fußballplatzes (90 m) überblicken?

7. Berechne die Längen x, y, z der Balken des Dachstuhls.

zu 8.
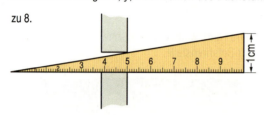

zu 9.
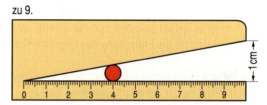

8. Zur Messung von kleinen Öffnungen wird ein *Messkeil* verwendet. Wie dick ist die Öffnung?

9. Mit einer *Messlehre* bestimmt man die Dicke dünner Platten oder Drähte. Berechne die Dicke des Drahtes.

10. Du kannst die Länge von Strecken abschätzen, indem du den Daumen senkrecht so vor ein Auge hältst, dass er die Strecke genau verdeckt.

   a) Bestimme die Breite eines Gebäudes, das 51 m vom Standort entfernt ist und genau von einer Daumenbreite (a = 2,4 cm) überdeckt wird. Der Abstand Auge – Daumen beträgt 64 cm.

   b) Ein Haus von 12 m Breite wird von einer Daumenbreite (a = 2,2 cm) überdeckt. Wie weit ist das Haus vom Auge entfernt? Der Abstand Auge – Daumen beträgt 33 cm.

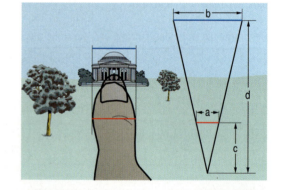

11. Volker hält eine Erbse mit einem Durchmesser von 5 mm so vor sein Auge, dass sie den Mond genau verdeckt. Dabei ist die Erbse 60 cm vom Auge entfernt.

   a) Welchen Abstand des Mondes von der Erde berechnet Volker, wenn er als Radius des Mondes 1 738 km annimmt?

   b) Vergleiche mit dem genauen Wert.

12. Warum bedeckt der Mond bei einer totalen Sonnenfinsternis die Sonne fast genau? (Abstand Erde – Sonne: 149 600 000 km, Radius Sonne: 696 000 km)

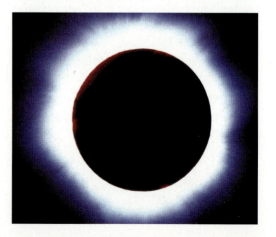

3 Strahlensätze und Satzgruppe des Pythagoras

Katheten- und Höhensatz

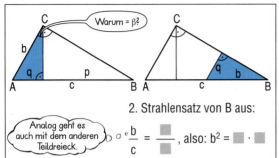

2. Strahlensatz von B aus:

$\dfrac{b}{c} = \dfrac{\square}{\square}$, also: $b^2 = \square \cdot \square$

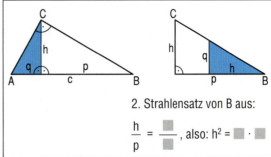

2. Strahlensatz von B aus:

$\dfrac{h}{p} = \dfrac{\square}{\square}$, also: $h^2 = \square \cdot \square$

Kathetensatz
In jedem rechtwinkligen Dreieck ist das Quadrat über einer Kathete flächengleich zum Rechteck aus Hypotenuse und dem anliegenden Abschnitt auf ihr.

$a^2 = c \cdot p$ und $b^2 = c \cdot q$

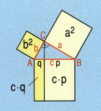

Höhensatz
In jedem rechtwinkligen Dreieck ist das Quadrat über der Höhe zur Hypotenuse flächengleich zum Rechteck aus den Hypotenusenabschnitten.

$h^2 = p \cdot q$

Aufgaben

1. Berechne die fehlende Größe im rechtwinkligen Dreieck ($\gamma = 90°$).
   a) c = 7,5 cm; p = 3,2 cm; a = ■   b) c = 4,8 cm; q = 3,5 cm; b = ■
   c) a = 5,6 cm; p = 4,3 cm; c = ■   d) c = 9,2 cm; b = 3,3 cm; q = ■

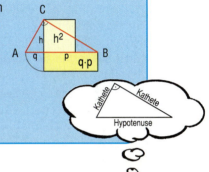

$a^2 = c \cdot p$
$a^2 = 7,5 \cdot 3,2$
$a = \sqrt{7,5 \cdot 3,2} \approx 4,9$ cm

2. Berechne die fehlende Länge im rechtwinkligen Dreieck ($\gamma = 90°$).
   a) p = 7,5 cm; q = 2,8 cm; h = ■   b) h = 6,4 cm; q = 5,9 cm; p = ■
   c) q = 1,8 cm; p = 10,2 cm; h = ■   d) p = 3,9 cm; h = 8,5 cm; q = ■

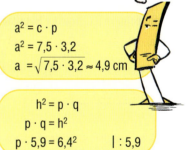

$h^2 = p \cdot q$
$p \cdot q = h^2$
$p \cdot 5,9 = 6,4^2$ | : 5,9

3. Berechne die fehlenden Längen im rechtwinkligen Dreieck. Alle Längen in cm.

   a) 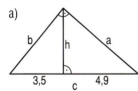   b) 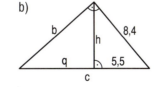   c)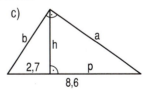

4. Konstruiere zum Rechteck mit den Seiten p, q ein flächengleiches Quadrat (Seitenlänge h = *mittlere Proportionale* von p, q).
   a) p = 8 cm, q = 5 cm
   b) p = 4 cm, q = 9,5 cm
   c) p = 6,5 cm, q = 3,5 cm

   Strecken p und q zeichnen   Höhenstrahl und Thaleskreis   gesuchtes Quadrat

   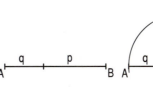   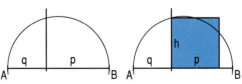

3 Strahlensätze und Satzgruppe des Pythagoras

Satz des Pythagoras und seine Umkehrung

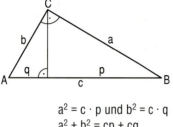

$a^2 = c \cdot p$ und $b^2 = c \cdot q$
$a^2 + b^2 = cp + cq$
$ = c\,(\blacksquare + \blacksquare)$
$ = \blacksquare$

Drei Strecken, für die gilt: $a^2 + b^2 = c^2$ Setzt sie zu einem Dreieck zusammen.

Satz des Pythagoras
In jedem rechtwinkligen Dreieck ($\gamma = 90°$) ist das Quadrat über der Hypotenuse so groß wie die Quadrate über den beiden Katheten zusammen: $a^2 + b^2 = c^2$

Umkehrung: Wenn für die Seiten eines Dreiecks ABC gilt: $a^2 + b^2 = c^2$, dann ist das Dreieck rechtwinklig mit $\gamma = 90°$.

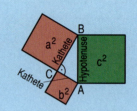

Aufgaben

1. Berechne die Länge der Hypotenuse. Runde auf mm.

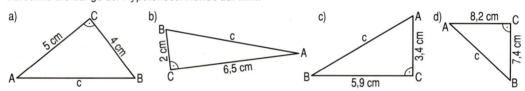

2. Berechne die Länge der fehlenden Kathete. Runde auf mm.

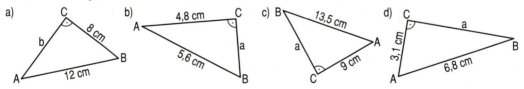

3. Berechne die fehlende Seitenlänge. Runde auf mm. Aufgepasst! γ ist nicht immer der rechte Winkel.

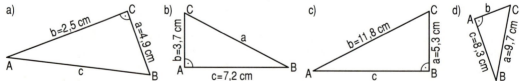

4. Überprüfe, ob das Dreieck mit den Seiten a, b, c rechtwinklig ist (alle Längen in cm).

   a) a = 5,2   b) a = 7,0   c) a = 5,2   d) a = 28,8   e) a = 9,7 cm   f) a = 9,0
      b = 2,0   b = 8,0   b = 6,5   b = 12,0   b = 8,2 cm   b = 12,0
      c = 4,8   c = 10,0   c = 3,9   c = 31,2   c = 12,7 cm   c = 15,0

3 Strahlensätze und Satzgruppe des Pythagoras

Zwischenergebnisse im Taschenrechner speichern – damit weiterrechnen.

5. Berechne die rot eingezeichneten Längen. Runde auf mm.
   a) b) c) d)

6. Es geht auch kürzer, denkt mancher Spaziergänger im Park und läuft schräg über die Rasenfläche. Um wie viel Meter kürzer ist dieser Weg? Gib die Einsparung auch in Prozent an.

7. Bei einem Waldspaziergang treffen sich Herr Meyer und Herr Liebig an einer rechtwinkligen Wegkreuzung. Nach einem kurzen Plausch entfernen sich beide, der eine mit $1\,\frac{m}{s}$, der andere mit $0{,}75\,\frac{m}{s}$. Welche Luftlinienentfernung haben beide nach 15 Minuten, wenn die Wege bis dahin geradlinig und senkrecht zueinander verlaufen?

8. Berechne jeweils die rot gezeichnete Streckenlänge im gleichschenkligen Dreieck.
   a) 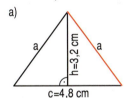 b) 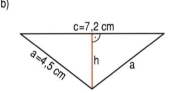 c)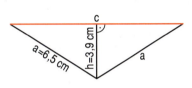

9. Berechne die Körperhöhe h einer Pyramide mit quadratischer Grundfläche von 5,4 cm Kantenlänge. Die Seitenkante s beträgt 6,1 cm. Bestimme zuerst die Flächendiagonale e.

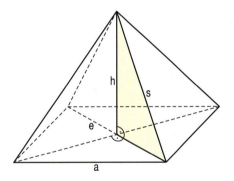

10. Das Alter der Cheopspyramide wird auf 4500 Jahre geschätzt. Ihre ursprüngliche Höhe betrug ca. 146,6 m und die Seitenlänge der quadratischen Grundfläche ca. 230,3 m. Welche Länge hatten die Seitenkanten?

11. Natürliche Zahlen, die die Gleichung $a^2 + b^2 = c^2$ erfüllen, heißen **pythagoreische Zahlen.** Prüfe nach, ob die Zahlen pythagoreische Zahlen sind.
    a) (8|6|12)   b) (5|12|13)   c) (10|7|12)   d) (15|8|17)   e) (32|18|36)   f) (20|21|29)

12. Zur Konstruktion von rechten Winkeln benutzten die Seilspanner im alten Ägypten das 12-Knoten-Seil, das zwischen den Knoten gleiche Abstände aufwies. Mit diesem Seil erzeugten sie ein Dreieck mit den Seitenlängen 3, 4, 5. Zeige, dass dieses Dreieck rechtwinklig ist.

13. (3|4|5) sind also auch pythagoreische Zahlen. Du findest weitere pythagoreische Zahlen durch Vervielfachen. Notiere fünf Beispiele.

14. Welche Zahlenkombination lässt sich mit einem 30-Knoten-Seil finden, sodass die Zahlen pythagoreisch sind?

Pythagoras in Meyers Garten

3 Strahlensätze und Satzgruppe des Pythagoras

Pythagoras in Meyers Garten

1. Der Fußball ist auf das Garagendach gefallen. Ludwig stellt die Leiter (l = 3 m) so an die Garage, dass sie unten einen Abstand von 1,5 m hat. Bis zu welcher Höhe reicht die Leiter? Runde auf dm.

2. Sophie lässt einen Drachen steigen. Ihr Hund folgt dem Drachen auf dem Boden, bis er sich in 40 m Abstand zu Sophie senkrecht unter dem Drachen befindet. Die Länge der Schnur beträgt 60 m.
   a) Wie hoch steht der Drachen? Das Durchhängen der Schnur kann dabei vernachlässigt werden. Runde auf Meter.
   b) Steht der Drachen in Wirklichkeit höher oder tiefer als dieser Wert?

3. Die Eltern von Sophie und Ludwig bauen ein Gartenhäuschen. Es soll 2,50 m hoch werden. Die Dachsparren haben an der Basis einen Abstand von 2,60 m. Wie lang müssen dann die Dachsparren sein?

4. Das Schaukel-Klettergerüst ist 2,60 m hoch. Die Stützen haben jeweils eine Länge von 2,80 m. Wie weit stehen sie an den Fußpunkten auseinander?

5. Die Sparren des Schettdaches müssen witterungsbedingt erneuert werden. Der Zimmermeister macht sich Notizen. Wie lang sind die Dachsparren? Runde auf eine Stelle nach dem Komma.

6. Der quadratische Sandkasten hat eine Seitenlänge von 1,75 m. Julia und Paula wollen wissen, ob ein Stock von 2 m Länge hineinpasst. Sie probieren aus. Zu welchem Ergebnis sind sie gekommen?

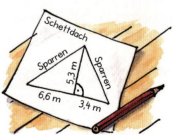

7. Michi möchte mit der Schaukel möglichst hoch hinaus. Wie hoch schafft er es, wenn die Entfernung vom tiefsten zum höchsten Punkt am Boden gemessen e = 145 cm beträgt? Die Seile haben eine Länge von 2 m. Runde auf cm.

8. An der Wäscheleine hat jemand einen Spieleimer mit Sand in der Mitte aufgehängt. Die Wäscheleine war vorher straff gespannt 2,92 m lang und hat sich jetzt um 3,3 cm gedehnt. Wie weit hängt sie an der tiefsten Stelle herunter? Runde auf cm.

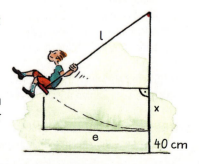

3 Strahlensätze und Satzgruppe des Pythagoras

Vermischte Aufgaben

1. Beim letzten Sturm ist die Tanne in Meyers Garten in 6,5 m Höhe umgeknickt. Die Spitze berührt 10,5 m entfernt vom Baum den Boden. Wie hoch war die Tanne?

2. Bestimme die fehlende Seitenlänge des rechtwinkligen Dreiecks. Beachte die Lage des rechten Winkels.
   a) a = 7,6 cm; b = 3,5 cm; γ = 90°   b) a = 5 cm; b = 9,7 cm; β = 90°
   c) a = 8,3 dm; b = 6,7 dm; α = 90°   d) b = 3,2 m; c = 7,4 m; γ = 90°
   e) b = 24 m; c = 38 m; α = 90°   f) a = 87 cm; c = 43 cm; β = 90°

3. Anlässlich des 400-jährigen Bestehens findet in Adenbüttel ein Volksfest statt. Am Ortseingang ist ein Schild mittig zwischen zwei 6 m hohen Pfählen aufgehängt worden. Die Pfähle sind 13 m voneinander entfernt. Das Seil ist 13,10 m lang.
   a) Wie weit hängt das Schild durch?
   b) Wie lang müsste das Seil sein, wenn das Schild 2 m herunterhängen würde?

4. Berechne die rot eingezeichneten Strecken und anschließend den Flächeninhalt der Figur.
   a) 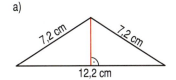   b) 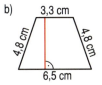   c)   d)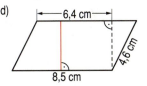

5. Berechne die Mantellinie s eines Kegels mit einer Körperhöhe von 10,5 cm und einem Grundkreisradius von r = 3,2 cm.

6. Bestimme die fehlende Größe r, s, h des Kegels.
   a) r = 15,4 cm, s = 26,5 cm
   b) h = 1,67 m, s = 2 m

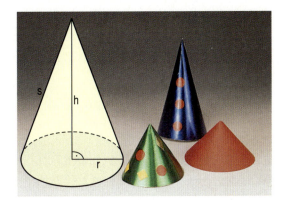

7. Zwei Karnevalshütchen haben dieselbe Mantellänge s = 15 cm, aber verschiedene Durchmesser d_1 = 16 cm und d_2 = 8 cm an der Öffnung. Berechne ihre Höhe.

8. Berechne die Länge der rot gezeichneten Strecken.
   a) 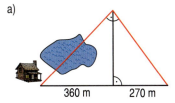   b) 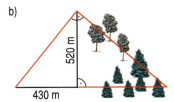   c)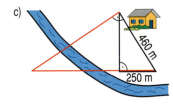

9. Passt in eine würfelförmige Kiste mit einer Kantenlänge von 80 cm ein Stab von 1,35 m Länge?

3 Strahlensätze und Satzgruppe des Pythagoras

1. a) Teile eine 11,9 cm lange Strecke $\overline{AB}$ allein durch Zeichnen in 9 gleich lange Teile.
   b) Kennzeichne den Punkt P, der $\overline{AB}$ = 7 cm im Verhältnis 4 : 5 teilt.

Streckenteilung
Teilung von $\overline{AB}$ in 5 gleichlange Teilstrecken
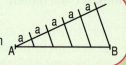

2. Bestimme die Länge der Strecke x.
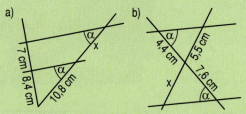

1. Strahlensatz
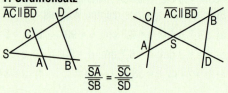
$$\frac{\overline{SA}}{\overline{SB}} = \frac{\overline{SC}}{\overline{SD}}$$
Und seine *Umkehrung:* Wenn $\frac{\overline{SB}}{\overline{SA}} = \frac{\overline{SD}}{\overline{SC}}$, sind die Geraden AC und BD parallel.

3. Sind die Strecken e und f parallel?
   a = 3,8 cm; b = 9,5 cm;
   c = 2,6 cm; d = 6,5 cm

2. Strahlensatz
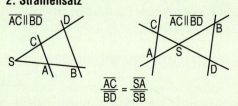
$$\frac{\overline{AC}}{\overline{BD}} = \frac{\overline{SA}}{\overline{SB}}$$

4. Bestimme die Länge der Strecke x.
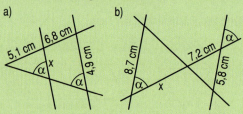

Kathetensatz   **Höhensatz**
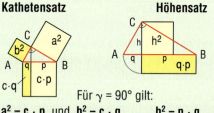
Für $\gamma = 90°$ gilt:
$a^2 = c \cdot p$ und $b^2 = c \cdot q$ $h^2 = p \cdot q$

5. Berechne die gesuchte Länge ($\gamma = 90°$). Runde.
   a) c = 5,5 cm; p = 3,2 cm; a =
   b) p = 6,2 cm; q = 3,4 cm; h =
   c) b = 2,9 cm; q = 4,6 cm; c =
   d) a = 5,5 cm; c = 8,7 cm; p =

6. Berechne im rechtwinkligen Dreieck ABC die fehlende Seitenlänge ($\gamma = 90°$).
   a) a = 8,4 cm; b = 6,3 cm   b) a = 3,3 cm; c = 8,7 cm
   c) b = 6 cm; c = 6,5 cm   d) a = 1,8 cm; c = 8,2 cm

Satz des Pythagoras
In jedem rechtwinkligen Dreieck haben die beiden Kathetenquadrate zusammen denselben Flächeninhalt wie das Hypotenusenquadrat.
$$a^2 + b^2 = c^2$$
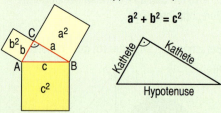

7. Berechne die rote Seitenlänge.
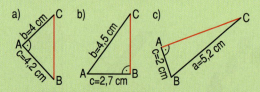

Umkehrung
Gilt für die Seitenlängen a, b und c eines Dreiecks $a^2 + b^2 = c^2$, dann ist das Dreieck bei C rechtwinklig mit c als Hypotenuse.

8. Überprüfe, ob das Dreieck rechtwinklig ist.
   a) a = 3,2 cm   b) a = 3,5 cm   c) a = 37,5 cm
      b = 6,5 cm   b = 8,4 cm   b = 20 cm
      c = 7 cm   c = 9,1 cm   c = 42,5 cm

Testen, Üben, Vergleichen
3 Strahlensätze und Satzgruppe des Pythagoras

1. Zeichne eine 12,9 cm lange Strecke $\overline{AB}$ und teile sie allein durch Zeichnen in 5 gleich lange Teile. Kennzeichne den Punkt P, der $\overline{AB}$ im Verhältnis 3:2 teilt.

2. Bestimme die Längen der Strecken x und y (Maße in cm).

   a) b) c) d)

3. Ein Stab wird senkrecht so aufgestellt, dass das Ende seines Schattens mit dem Ende des Schattens einer Tanne zusammenfällt. Wie hoch ist die Tanne, wenn der Stab 1,60 m hoch ist und die Schatten 4,20 m bzw. 32 m lang sind?

4. Berechne die rot gezeichnete Streckenlänge (alle Längen in cm). Runde auf 1 Stelle nach dem Komma.

   a) b)  c) 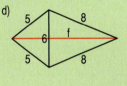 d)

5. a) 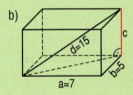 b) 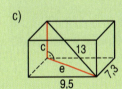 c) d)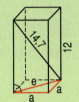

6. Berechne die Raumdiagonale in einem Quader mit den Seitenlängen a = 7,5 cm; b = 3,7 cm; c = 6,8 cm.

7. Falls der Mast eines Segelbootes bei Sturm bricht, sollte diese Bruchstelle so liegen, dass Menschen im Boot nicht gefährdet werden. In welcher Höhe befindet sich die Sollbruchstelle des Mastes?

   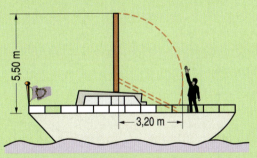

8. Die Bergstation einer Seilbahn liegt 728 m höher als die Talstation. Wie lang muss das Halteseil der Bahn mindestens sein, wenn die beiden Stationen auf der Karte 2,3 km entfernt voneinander sind?

9. Bestimme die Länge der rot eingezeichneten Strecke. Runde auf mm. (Längen in cm)

   a) 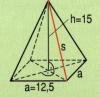 b)  c)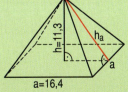

4 Quadratische Gleichungen

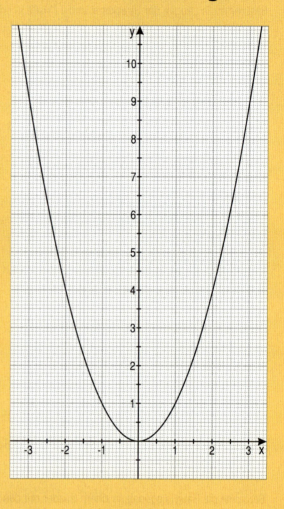
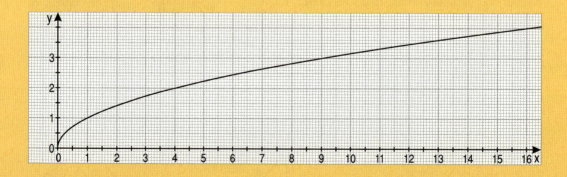

4 Quadratische Gleichungen

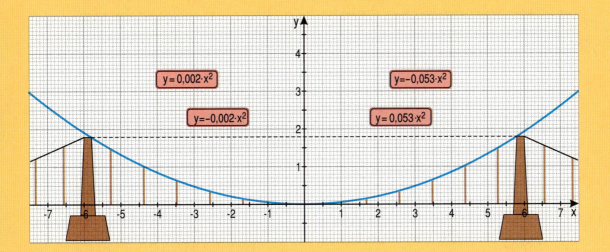

Normalparabel

> Der Graph der Funktion mit der Gleichung $y = x^2$ heißt **Normalparabel**.

Aufgaben

1. a) Lege zu $y = x^2$ eine Wertetabelle für $-3{,}5 \leq x \leq 3{,}5$ an, Schrittweite 0,5.
   b) Zeichne den Graphen auf Millimeterpapier (Einheit: 1 cm). Klebe ihn auf Pappe und schneide ihn aus.

2. P liegt auf der Normalparabel. Lies näherungsweise ab.
   a) P(1,2|■) b) P(2,8|■) c) P(−2,4|■)
   d) P(+■|6) e) P(−■|5) f) P(+■|7,5)

3. Liegt der Punkt auf der Normalparabel? Rechne.
   a) P(4,5|20) b) P(1,7|2,89) c) P(−2,5|6,25)
   d) P(9,8|96) e) P(−7,9|62,36) f) P(−4,2|17,64)

4. Lies an der Normalparabel näherungsweise ab.
   a) $1{,}6^2$ b) $(-2{,}4)^2$ c) $0{,}6^2$ d) $(-2{,}7)^2$

5. P liegt auf der Normalparabel, es gibt zwei Lösungen.
   a) P(■|9) b) P(■|6,25) c) P(■|1,69) d) P(■|12,25)

6. Lies an der Normalparabel näherungsweise ab.
   a) $\sqrt{3}$ b) $\sqrt{4{,}9}$ c) $\sqrt{5{,}4}$ d) $\sqrt{8{,}5}$

   ($\sqrt{x}$ ist stets eine **positive** Zahl.)

7. Löse mit der Normalparabel näherungsweise. Die Gleichung hat zwei Lösungen, eine oder keine.
   a) $x^2 = 5$ b) $x^2 = -2$ c) $x^2 = 4{,}5$ d) $x^2 = 0{,}5$ e) $x^2 = 3{,}5$ f) $x^2 = 0$ g) $x^2 = 2{,}5$

8. Zeichne im Heft auf Karo den Graphen für $y = -x^2$ (Einheit: 1 cm). Brauchst du dazu eine Wertetabelle oder kannst du den Graphen mit deiner Schablone der Normalparabel zeichnen?

9. Ordne den Graphen die richtige Funktionsgleichung zu. In Reihenfolge der Nummern liest du das Lösungswort.

10. a) Zeichne die Normalparabel für $-1 \leq x \leq 1$ mit 10 cm als Einheit. (Wertetabelle mit Schrittweite 0,1).
    b) Zeichne in dasselbe Koordinatensystem die Graphen von $y = 2x^2$ und $y = \frac{1}{2}x^2$. Vergleiche.

11. Zeichne die Graphen von $y = x^2$, $y = 2x^2$, $y = 3x^2$ und $y = 4x^2$ für $-2 \leq x \leq 2$ in ein Koordinatensystem. Lege zuerst eine Wertetabelle mit Schrittweite 0,5 an. Vergleiche.

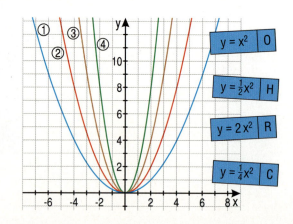

4 Quadratische Gleichungen

Quadratische Funktionen

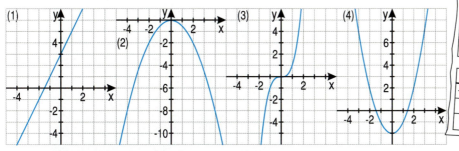

Quadratische Funktionen haben eine Funktionsgleichung, die sich in der Form **y = ax² + bx + c** mit a ≠ 0 schreiben lässt. Ihr Graph ist eine **Parabel**. Für a > 0 ist sie nach oben geöffnet. Für a < 0 ist sie nach unten geöffnet.

$y = \frac{1}{2}x^2 - 2x + 3$

$y = -\frac{1}{2}x^2 - 2x + 3$

x	y
5	5,5
4	3
3	1,5
2	1
1	1,5
0	3
-1	5,5
-2	9
-3	13,5

x	y
3	-7,5
2	-3
1	0,5
0	3
-1	4,5
-2	5
-3	+4,5
-4	+3

Aufgaben

1. Ordne dem Graphen die richtige Funktionsgleichung zu, ohne eine Wertetabelle aufzustellen.

a)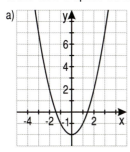

y = x² - 2	y = x² + 2
y = -x² - 2	y = -x² + 2

b)

y = 2x² + 1	y = 2x² - 1
y = -2x² + 1	y = -2x² - 1

c)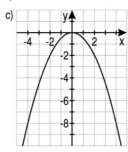

y = -0,5x²	y = -0,5x² + 1
y = 0,5x²	y = 0,5x² - 1

d)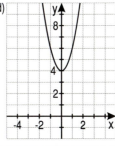

y = 2x² + 4	y = 2x² - 4
y = -2x² + 4	y = -2x² - 4

2. Prüfe durch Einsetzen, ob der Punkt P auf dem Funktionsgraphen liegt.

a) $y = 3x^2 + 4$
   P(1,5 | 10,75)

b) $y = -0,5x^2 + x + 1$
   P(8 | -24)

c) $y = -x^2 + 0,5x$
   P(-4 | -18)

d) $y = -1,5x^2 + 6$
   P(0,5 | 5,04)

3. Lege eine Wertetabelle für x = -4, -3, ..., 4 an und zeichne den Graphen. Prüfe beim Zeichnen, wo du zusätzliche Werte berechnen musst, um die Parabel möglichst genau zu zeichnen.

a) $y = x^2 + 2x$ b) $y = -x^2 + 3$ c) $y = x^2 - x - 4$ d) $y = -0,5x^2$ e) $y = (x+1)^2$ f) $y = -(x+1)^2$

4 Quadratische Gleichungen

4. Für den senkrechten Fall eines Steins gilt auf der Erde annähernd das Weg-Zeit-Gesetz $s = 5\,t^2$ und auf dem Mond $s = 0{,}8\,t^2$.

a) Berechne den Fallweg s (in m) für Fallzeiten $0\,s \leq t < 10\,s$ (Schrittweite 1 s) auf der Erde und auf dem Mond.

b) Zeichne die Graphen und vergleiche sie.

c) Auf der Erde wirft jemand einen Stein in einen 25 m tiefen Brunnen. Lies aus der Zeichnung ab, nach wie viel Sekunden der Stein auf dem Boden aufschlägt.

5. a) Ein Würfel hat die Kantenlänge a. Gib eine Formel für seine Oberfläche O an.

b) Lege eine Wertetabelle für die Zuordnung: Kantenlänge a → Oberfläche O an für $0\,cm \leq a \leq 5\,cm$ in Schritten von 0,5 cm und zeichne den Graphen.

c) Lies in der Zeichnung die ungefähren Kantenlängen von Würfeln mit 50 cm², 100 cm² und 120 cm² Oberfläche ab.

6.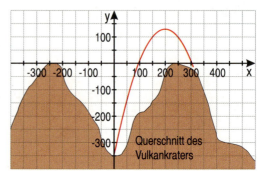

Glühendes Gestein wird aus dem Krater herausgeschleudert. Die Flugbahn eines bestimmten Steins wird durch die Gleichung $y = -0{,}012\,x^2 + 4{,}8\,x - 350$ beschrieben.

a) Vervollständige die Wertetabelle.

b) Zeichne den Funktionsgraphen.

x (m)	0	50	100	150	200	250	300	350	400	450
y (m)	−350	−140								

c) Welcher Punkt ist der höchste in der Flugbahn des Steins?

7. Die Flugbahn eines Balles wird näherungsweise durch die Funktionsgleichung $y = 0{,}4 + x - 0{,}05\,x^2$ angegeben. Stelle die Flugbahn bis zum Aufprall auf dem Erdboden grafisch dar.

8. Anna und Benny möchten an einer Mauer ein rechteckiges Gehege für ihre Meerschweinchen mit einem Zaun abgrenzen. Ihr Vater gibt ihnen 10 m Maschendraht.

a) Gib eine Formel für den Flächeninhalt des Geheges an.

b) Stelle den Zusammenhang zwischen der Länge der Rechteckseite x und dem Flächeninhalt des Geheges graphisch dar.

c) Wie müssen Anna und Benny die Rechteckseiten wählen, damit der Flächeninhalt des Geheges am größten ist?

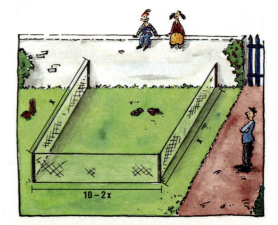

Anhalteweg

4 Quadratische Gleichungen

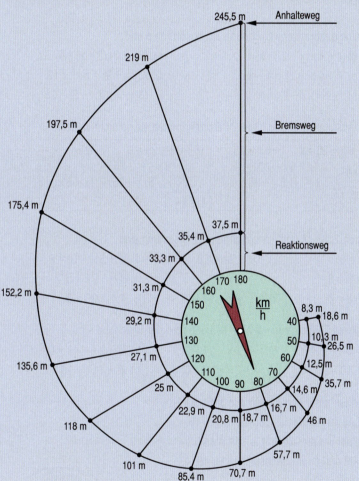

1. Das „Schneckendiagramm" zeigt die Länge des Anhaltewegs bei verschiedenen Geschwindigkeiten unter guten Fahrbedingungen: Fahrer topfit, Bremsen in Ordnung, trockene Straße mit guter Haftung …

Gib an:

a) Reaktionsweg bei 50 $\frac{km}{h}$, 100 $\frac{km}{h}$ und 150 $\frac{km}{h}$.

b) Bremsweg bei 40 $\frac{km}{h}$, 80 $\frac{km}{h}$, 120 $\frac{km}{h}$ und 160 $\frac{km}{h}$.

c) Anhalteweg bei 60 $\frac{km}{h}$, 90 $\frac{km}{h}$, 120 $\frac{km}{h}$ und 150 $\frac{km}{h}$.

3. Wie viele Sekunden Reaktionszeit unterstellt die Faustformel aus Aufgabe 2 für den Reaktionsweg?

2. In der Fahrschule lernt man folgende Faustformeln:

Reaktionsweg (in m) = $\left(\dfrac{\text{Geschwindigkeit (in } \frac{km}{h}) \cdot 3}{10}\right)$ und Bremsweg (in m) = $\left(\dfrac{\text{Geschwindigkeit (in } \frac{km}{h})}{10}\right)^2$

a) Stelle jeweils eine Wertetabelle (Geschwindigkeit von 40 $\frac{km}{h}$ bis 180 $\frac{km}{h}$) für die Zuordnungen Geschwindigkeit → Reaktionsweg, Geschwindigkeit → Bremsweg und Geschwindigkeit → Anhalteweg auf.

b) Zeichne die Diagramme im Achsenkreuz.   c) Zeichne ein „Schneckendiagramm" (3 m ≙ 1 mm).

4 Quadratische Gleichungen

Quadratische Gleichungen

> Gleichungen, die man in der Form $x^2 + px + q = 0$ schreiben kann, heißen quadratische Gleichungen. $x^2 + px + q = 0$ heißt **Normalform** der quadratischen Gleichung.

$$
\begin{aligned}
3x^2 - 6x &= 9 \quad |:3 \\
x^2 - 2x &= 3 \quad |-3 \\
x^2 - 2x - 3 &= 0 \quad \text{(quadratische Gleichung} \\
p = -2 \quad q &= -3 \quad \text{in Normalform)}
\end{aligned}
$$

$$
\begin{aligned}
(x + 3)(x - 4) &= x^2 - 7x \\
x^2 - 4x + 3x - 12 &= x^2 - 7x \quad |-x^2 \\
-x - 12 &= -7x \quad |+7x \\
6x - 12 &= 0 \quad \text{(keine quadratische Gleichung)}
\end{aligned}
$$

Aufgaben

1. Forme in die Normalform um. Wenn es eine quadratische Gleichung ist, bestimme p und q.
   a) $2(x + 3) + 4 = 3x^2 + 2$
   b) $4 + 4x(x - 2) = x^2 + 1$
   c) $(2x + 3)(2 + x) = 7$
   d) $(2x + 1)(x - 2) = 2x^2$
   e) $7 - 6(x - 2) = 4 - x^2$
   f) $x(3x + 9) = 6x^2 + 12$
   g) $24 - 4x(x + 3) = 3$
   h) $(x + 4)(x - 3) = x^2$
   i) $(3x - 4)(2x - 5) = 18$

2. Sabine, Tim und Ulrike wollen eine quadratische Gleichung lösen. Warum kommen sie so nicht weiter?

$x^2 - 6x + 25 = 0 \quad |-x^2 - 25$ $-6x = -x^2 - 25 \quad |:(-6)$ $x = \frac{x^2}{6} + \frac{25}{6}$ Sabine	$x^2 - 6x + 25 = 0 \quad |+6x - 25$ $x^2 = +6x - 25$ $x = \sqrt{+6x - 25}$ Tim	$x^2 - 6x + 25 = 0 \quad |-25$ $x^2 - 6x = -25$ $x(x - 6) = -25 \quad |:(x - 6)$ Ulrike

3. Prüfe durch Einsetzen, ob unter den Zahlen 2, 3, −2 und −4 Lösungen der Gleichung sind.
   a) $x^2 - 3x + 2 = 0$
   b) $5x^2 - 80 = 0$
   c) $8x^2 - 72x = 0$
   d) $x^2 + 3x - 10 = 0$
   e) $x^2 - x - 6 = 0$
   f) $x^2 + 5x + 6 = 0$
   g) $x^2 + 6x = 0$
   h) $8x^2 - 72 = 0$
   i) $x^2 - 3x + 4 = 0$
   j) $x^2 + 4x - 8 = 0$
   k) $x^2 + 9x + 14 = 0$
   l) $4x^2 - 36 = 0$

4. Prüfe durch Probieren, welche beiden ganzen Zahlen (von −9 bis +9) Lösungen der Gleichung sind.
   a) $x^2 + 8x = 0$
   b) $x^2 + 5x = 0$
   c) $x^2 - 2x - 24 = 0$
   d) $x^2 + 2x - 48 = 0$
   e) $x^2 - 5x + 4 = 0$
   f) $x^2 - 7x + 10 = 0$
   g) $x^2 + 2x - 35 = 0$
   h) $x^2 + 11x + 18 = 0$

5. Stelle die Gleichung auf und suche Lösungen unter den Zahlen von 1 bis 9.
   a) Subtrahiert man vom Quadrat einer Zahl ihr Achtfaches, erhält man −15.
   b) Vermindert man das Fünffache einer Zahl um ihr Quadrat, erhält man 6.
   c) Die Summe aus dem Quadrat einer Zahl und ihrem Sechsfachen ist 40.

6.

4 Quadratische Gleichungen

Zeichnerisches Lösen quadratischer Gleichungen

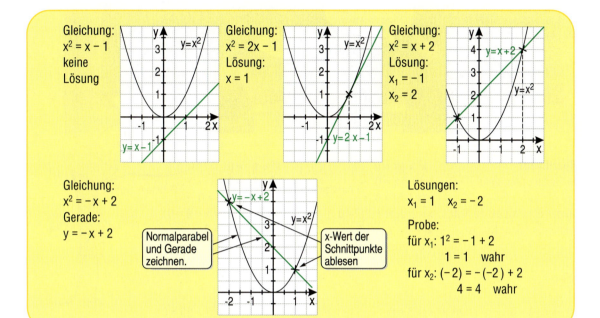

Aufgaben

1. Ordne jeder Gleichung die passende Zeichnung zu und lies die Lösungen ab. Kontrolliere durch Rechnung.

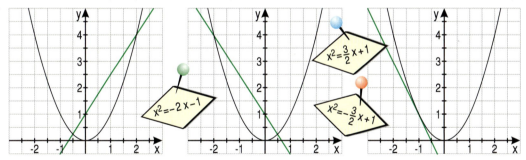

2. Löse zeichnerisch und kontrolliere durch Rechnung.

a) $x^2 = -6x - 5$ b) $x^2 = 2x + 8$ c) $x^2 = -4x - 3$ d) $x^2 = 2x - 1{,}25$ e) $x^2 = -2x + 1{,}25$

3. Fertige eine Zeichnung an und lies die ungefähren Lösungswerte ab.

a) $x^2 = -x + \frac{1}{2}$ b) $x^2 = -\frac{1}{2}x + 3$ c) $x^2 = \frac{1}{2}x + 1$ d) $x^2 = x + \frac{1}{2}$ e) $x^2 = \frac{1}{3}x + 4$

4. Stelle eine Gleichung auf und löse zeichnerisch.

a) Subtrahiert man das Doppelte einer Zahl von 8, erhält man das Quadrat der Zahl.

b) Addiert man zum Doppelten einer Zahl 24, erhält man das Quadrat der Zahl.

c) Das Quadrat einer Zahl ist genauso groß wie die Summe aus dem Dreifachen der Zahl und 4.

d) Quadriert man eine Zahl erhält man dasselbe, wie wenn man vom Sechsfachen der Zahl 8 subtrahiert.

Spezielle quadratische Gleichungen

Spezialfälle
In Faktoren zerlegen

Regel: Ein Produkt ist Null, wenn ein Faktor Null ist.

$x^2 + px = 0$
$x^2 + 5x = 0$
$x(x + 5) = 0$ ⟩ Ausklammern
$x = 0$ oder $x + 5 = 0$
$x_1 = 0 \quad x_2 = -5$

$x^2 + q = 0$
$x^2 - 81 = 0$
$(x + 9)(x - 9) = 0$ ⟩ 3. Binom. Formel
$x + 9 = 0$ oder $x - 9 = 0$
$x_1 = -9 \quad x_2 = 9$

Aufgaben

1. a) $x^2 - 64 = 0$ b) $x^2 - 225 = 0$ c) $x^2 - 144 = 0$ d) $x^2 - 25 = 0$
e) $x^2 - 2{,}25 = 0$ f) $x^2 - 1{,}44 = 0$ g) $x^2 - 0{,}09 = 0$ h) $x^2 - 0{,}49 = 0$

2. a) $3x^2 - 147 = 0$ b) $-5x^2 + 80 = 0$ c) $16x^2 - 64 = 0$
d) $2x^2 - 450 = 0$ e) $4x^2 - 144 = 0$ f) $-10x^2 + 6250 = 0$

$-2x^2 + 162 = 0 \quad |:(-2)$
$x^2 - 81 = 0$
$(x + 9)(x - 9) = 0$

3. Einige Gleichungen haben keine Lösung.
a) $x^2 - 9 = 0$ b) $x^2 + 36 = 0$ c) $x^2 + 7 = 0$
d) $x^2 - 225 = 0$ e) $x^2 - 289 = 0$ f) $x^2 + 144 = 0$
g) $x^2 + 196 = 0$ h) $x^2 - 0{,}64 = 0$ i) $x^2 + 6{,}25 = 0$

$x^2 + 4 = 0$
Keine binomische Formel!
Keine Lösung.

4. Löse mit dem Taschenrechner und runde das Ergebnis auf eine Stelle nach dem Komma.
a) $x^2 - 7 = 0$ b) $x^2 - 8 = 0$ c) $2x^2 - 16 = 0$
d) $x^2 - 15 = 0$ e) $x^2 - 6 = 0$ f) $3x^2 - 30 = 0$

$x^2 - 5 = 0$
$(x + \sqrt{5})(x - \sqrt{5}) = 0$
$x_1 = \sqrt{5} \approx 2{,}2; \quad x_2 = -\sqrt{5} \approx -2{,}2$

5. a) $x^2 + 2x = 0$ b) $x^2 - 4x = 0$ c) $x^2 + 5x = 0$ d) $x^2 + 7x = 0$
e) $x^2 - 3x = 0$ f) $x^2 + 6x = 0$ g) $x^2 - 5x = 0$ h) $x^2 + 9x = 0$

6. a) $8x^2 + 72x = 0$ b) $3x^2 + 15x = 0$ c) $9x^2 - 27x = 0$
d) $4x^2 - 24x = 0$ e) $5x^2 + 25x = 0$ f) $6x^2 + 42x = 0$

$2x^2 + 6x = 0 \quad |:2$
$x^2 + 3x = 0$

7. a) $0{,}2x^2 - 4x = 0$ b) $0{,}3x^2 - 3x = 0$ c) $1{,}5x^2 - 9x = 0$ d) $0{,}7x^2 - 12{,}6x = 0$
e) $x^2 - 0{,}5x = 0$ f) $0{,}7x^2 - 7x = 0$ g) $0{,}5x^2 - 4{,}5x = 0$ h) $5x^2 - 0{,}45x = 0$

8. Bringe zuerst in die Form $x^2 - q = 0$ oder $x^2 + px = 0$.
a) $2x^2 = 8x$ b) $x^2 - 9 = 40$ c) $-5x^2 = 30x$ d) $0{,}5x^2 = 18x$
e) $-x^2 + 121 = 0$ f) $2x^2 = 32$ g) $2x^2 - 4 = 14$ h) $-x^2 + 9x = 0$

4 Quadratische Gleichungen

Rechnerische Lösung mit quadratischer Ergänzung

Gleichung	$x^2 + 4x - 60 = 0$
Quadratische Ergänzung mit Gegenzahl	$x^2 + 4x + 2^2 - 2^2 - 60 = 0$
Zusammenfassen mit binomischer Formel	$(x + 2)^2 - 64 = 0$
Zerlegen in Faktoren (3. Binomische Formel)	$(x + 2 + 8) \cdot (x + 2 - 8) = 0$
Regel: „Ein Produkt ist 0, wenn einer der Faktoren 0 ist."	$x + 2 + 8 = 0$ oder $x + 2 - 8 = 0$
Ablesen der Lösung	$x_1 = -10$ $\quad\quad$ $x_2 = 6$

Aufgaben

1.
a) $x^2 + 6x - 27 = 0$
b) $x^2 - 6x + 8 = 0$
c) $x^2 + 6x + 5 = 0$
d) $x^2 - 4x - 12 = 0$
e) $x^2 - 16x + 63 = 0$
f) $x^2 + 10x + 9 = 0$
g) $x^2 - 2x - 24 = 0$
h) $x^2 - 2x - 35 = 0$
i) $x^2 - 6x + 8 = 0$
j) $x^2 - 16x + 63 = 0$
k) $x^2 - 8x + 16 = 0$
l) $x^2 + 2x - 24 = 0$

2.
a) $x^2 - 5x + 4 = 0$
b) $x^2 + 3x - 4 = 0$
c) $x^2 + x - 2 = 0$
d) $x^2 + 5x - 4 = 0$

3. Einige Gleichungen haben keine oder nur eine Lösung.
a) $x^2 + 6x + 9 = 0$
b) $x^2 + 4x + 3 = 0$
c) $x^2 - 10x + 30 = 0$
d) $x^2 + 5x - 24 = 0$
e) $x^2 - 6x + 10 = 0$
f) $x^2 - 9x + 14 = 0$

$x^2 + 6x + 18 = 0$
$x^2 + 6x + 3^2 - 3^2 + 18 = 0$
$(x + 3)^2 + 9 = 0$
Keine Lösung

4. Setze die Rechnung fort. Schreibe die Lösungen mit $\sqrt{\ }$-Zeichen und berechne sie auf zwei Nachkommastellen gerundet.

$x^2 - 8x + 11 = 0$
$x^2 - 8x + 4^2 - 4^2 + 11 = 0$
$(x - 4)^2 - 5 = 0$
$(x - 4)^2 - (\sqrt{5})^2 = 0$
$(x - 4 + \sqrt{5})(x \ldots$

$5 = (\sqrt{5})^2$

5.
a) $x^2 + 3x - 2 = 0$
b) $x^2 + 8x - 5 = 0$
c) $x^2 - 6x + 5 = 0$
d) $x^2 + 5x - 7 = 0$
e) $x^2 + 7x + 8 = 0$
f) $x^2 + 3x - 1 = 0$

6. Löse die Gleichung wie im Beispiel. Runde die Ergebnisse, wenn nötig, auf eine Stelle nach dem Komma.
a) $2x^2 + 2x - 14 = 0$
b) $7x^2 + 7x - 140 = 0$
c) $3x^2 + 12x - 216 = 0$
d) $3x^2 + 18x - 168 = 0$
e) $2x^2 - 24x + 54 = 0$
f) $4x^2 - 24x + 20 = 0$
g) $5x^2 + 30x + 15 = 0$

$3x^2 + 6x - 24 = 0 \quad |:3$
$x^2 + 2x - 8 = 0$
$x^2 + 2x + 1^2 - 1^2 - 8 = 0$

Lösungsformel

Eine quadratische Gleichung $x^2 + px + q = 0$ mit $\left(\frac{p}{2}\right)^2 - q > 0$ hat zwei Lösungen:
$x_1 = -\frac{p}{2} + \sqrt{\left(\frac{p}{2}\right)^2 - q}$ und $x_2 = -\frac{p}{2} - \sqrt{\left(\frac{p}{2}\right)^2 - q}$ kurz: $x_{1/2} = -\frac{p}{2} \pm \sqrt{\left(\frac{p}{2}\right)^2 - q}$
Wenn $\left(\frac{p}{2}\right)^2 - q = 0$, hat sie nur eine Lösung: $x = -\frac{p}{2}$. Wenn $\left(\frac{p}{2}\right)^2 - q < 0$, hat sie keine Lösung.

Der Term $\left(\frac{p}{2}\right)^2 - q$ heißt auch Diskriminante

(1) $x^2 + 12x - 13 = 0$
$p = 12 \quad q = -13$
$x_{1/2} = -6 \pm \sqrt{36 + 13}$
$= -6 \pm \sqrt{49}$
$x_1 = 1 \quad x_2 = -13$

(2) $x^2 + 6x + 9 = 0$
$p = 6 \quad q = 9$
$x = -3 \pm \sqrt{9 - 9}$
$x = -3$

(3) $x^2 - 8x + 18 = 0$
$p = -8 \quad q = 18$
$x_{1/2} = 4 \pm \sqrt{16 - 18}$
$x_{1/2} = 4 \pm \sqrt{-2}$
keine Lösung

Aufgaben

1.
a) $x^2 + 10x + 24 = 0$
b) $x^2 + 4x - 5 = 0$
c) $x^2 + 6x - 27 = 0$
d) $x^2 - 8x + 7 = 0$
e) $x^2 - 7x - 8 = 0$
f) $x^2 - 10x + 16 = 0$
g) $x^2 + 9x + 20 = 0$
h) $x^2 + 10x + 21 = 0$
i) $x^2 - 5x - 24 = 0$
j) $x^2 - x - 72 = 0$
k) $x^2 - 8x - 9 = 0$
l) $x^2 + 4x - 45 = 0$

2. Runde das Ergebnis, wenn nötig, auf zwei Stellen nach dem Komma.
a) $x^2 - 2{,}5x + 1{,}56 = 0$
b) $x^2 - 1{,}1x + 0{,}24 = 0$
c) $x^2 - 1{,}1x + 0{,}3 = 0$
d) $x^2 - 3{,}5x - 3 = 0$

3.
a) $x^2 - \frac{5}{6}x + \frac{1}{6} = 0$
b) $x^2 - \frac{5}{2}x + \frac{3}{2} = 0$
c) $x^2 - \frac{11}{12}x + \frac{1}{6} = 0$
d) $x^2 - \frac{11}{15}x + \frac{2}{15} = 0$

4. Bringe zuerst in die Normalform $x^2 + px + q = 0$.
a) $2x^2 + 8x - 42 = 0$
b) $3x^2 - 18x + 15 = 0$
c) $4x^2 - 16x - 48 = 0$
d) $5x^2 + 10x - 120 = 0$
e) $3x^2 - 9x - 54 = 0$
f) $3x^2 + 6x - 72 = 0$
g) $2x^2 - 2x - 84 = 0$
h) $3x^2 + 6x - 24 = 0$

5. Wie viele Lösungen hat die Gleichung?
a) $x^2 - 12x + 32 = 0$
b) $x^2 - 4x + 28 = 0$
c) $x^2 + 4x + 4 = 0$
d) $x^2 - 12x + 27 = 0$
e) $x^2 + 8x + 16 = 0$
f) $x^2 + 3x + 2 = 0$
g) $x^2 - 5x + 15 = 0$
h) $x^2 - 7x - 18 = 0$

6. Gib für die Gleichung $x^2 + 4x + q = 0$ ein q jeweils so an, dass die Gleichung eine, zwei oder keine Lösung hat.

7. Gib für die Gleichung $x^2 + px + 9 = 0$ ein p jeweils so an, dass die Gleichung eine, zwei oder keine Lösung hat.

4 Quadratische Gleichungen

Anwendungen

> Das Produkt einer Zahl mit der um 9 größeren Zahl ist 1 620. Welche Zahl ist es?
>
> | gesuchte Zahl | um 9 größere | Produkt |
> |---|---|---|
> | x | x + 9 | x (x + 9) |
>
> Gleichung: x (x + 9) = 1 620
> $x^2 + 9x - 1620 = 0$
> Lösungen: $x_1 = 36$ $x_2 = -45$
>
> Antwort: Die Zahl ist 36 oder −45.
>
> Eine zweistellige Zahl über 60 hat die Quersumme 9. Das Produkt der Ziffern ist 14.
>
> Zahl   Es gilt: x + y = 9 und x · y = 14
> 10x + y
> $y = 9 - x \xrightarrow{\text{einsetzen}} x \cdot (9 - x) = 14$
> Gleichung: x · (9 − x) = 14
> Lösungen: $x_1 = 7$ und $x_2 = 2$
> $y_1 = 2$ und $y_2 = 7$
>
> Antwort: Die Zahl ist 72.

Aufgaben

1. Ich denke mir eine Zahl und multipliziere sie mit der um 6 kleineren Zahl. Als Produkt erhalte ich 216.

2. Das Quadrat einer Zahl vermehrt um ihr Fünffaches beträgt 93,75.

3. Von zwei Zahlen ist eine um 9 größer als die andere. Ihr Produkt ist 1 170.

4. Verkleinert man eine Zahl um 3 und multipliziert dann mit der um 3 größeren Zahl, so erhält man 40.

5. Addiere zu einer Zahl 12 und multipliziere die Summe mit 8. Du erhältst das vierfache Quadrat der Zahl.

6. Eine zweistellige Zahl unter 50 hat die Quersumme 13. Das Produkt der Ziffern ist 36.

7. Die Summe der ersten x natürlichen Zahlen kann mit dem Term $\frac{x \cdot (x + 1)}{2}$ berechnet werden. Bis zu welcher Zahl wurde addiert, wenn die Summe 780 betrug?

8. Frau Helmers Alter multipliziert mit dem ihres 4 Jahre älteren Mannes ist 896. Wie alt sind beide?

9. Thomas ist 6 Jahre jünger als seine Schwester. Multipliziert man das Alter der beiden, so erhält man 315. Wie alt sind die Geschwister?

10. Von einem Turm wird aus 45 m Höhe eine Eisenkugel fallen gelassen. Die Höhe h der Kugel über dem Erdboden beträgt nach t Sekunden näherungsweise $h = 45 - 5t^2$.
    a) Nach welcher Zeit schlägt die Kugel auf dem Boden auf?
    b) Nach welcher Zeit ist die Kugel auf halber Höhe des Turmes?

11. Ein Schrottauto hängt an einem Magnetkran in 7,5 m Höhe. Wenn das Auto fallen würde, würde es nach t Sekunden näherungsweise eine Höhe von $h = 7,5 - 5t^2$ über dem Erdboden haben. Wie lange fällt es, bis es eine Höhe von z. B. h = 0,80 m erreicht hat?

12. Wie lange würde eine Eisenkugel vom Eiffelturm (ca. 300 m hoch) zu Boden fallen?

13. Wie könnte man mit Stoppuhr und Kompass die Höhe einer Brücke bestimmen?

4 Quadratische Gleichungen

14. Die vier Daltons schießen senkrecht nach oben. Die Gleichung
$h = a + 100\,t - 5\,t^2$ gibt näherungsweise an, welche Höhe h (in m) ihre Kugeln nach t Sekunden erreicht haben.

a) Berechne auf 2 Stellen nach dem Komma, nach welcher Zeit die Kugel des größten Dalton (a = 2 m) auf dem Erdboden aufschlägt.

b) Wann schlägt die Kugel des kleinsten Dalton (1,20 m) auf?

15. Eine Feuerwerksrakete wird mit der Anfangsgeschwindigkeit
$v = 64\,\frac{m}{s}$ senkrecht nach oben geschossen. Die erreichte Höhe h nach t Sekunden kann man nach der Formel $h = -5\,t^2 + 64\,t$ berechnen. Nach welcher Zeit schlägt die Rakete auf dem Boden auf?

16. Zwei Wanderer entfernen sich von demselben Ort, der erste geradlinig nach Westen, der zweite geradlinig nach Süden. Der eine legt stündlich 3 km zurück, der andere verlässt den Startpunkt eine Stunde später und geht 4 km in einer Stunde. Wann sind die Wanderer 25 km (Luftlinie) voneinander entfernt?

17. a) A=424 cm² b) A=546 cm² c) A=63 cm² d) A=62,1 cm²

 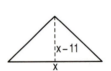

Dreiecke und Vierecke

18. a) Die Seiten eines Rechtecks unterscheiden sich um 8 cm. Sein Flächeninhalt beträgt 240 cm².

b) In einem Rechteck ist eine Seite 7 cm länger als die andere. Der Flächeninhalt ist 330 cm².

19. In einem Rechteck sind die Seiten 16 cm und 19 cm lang. Verkürzt man alle Seiten um dieselbe Länge, so ist der Flächeninhalt um 96 cm² kleiner als der Flächeninhalt des ursprünglichen Rechtecks.

20. Der Umfang eines Rechtecks beträgt 52 cm, der Flächeninhalt 153 cm². Wie lang sind die Seiten?

21. Eine 1 792 m² große rechteckige Wiese ist mit 176 m Zaun eingezäunt. Wie lang sind die Seiten des Grundstücks?

22. Ein rechteckiger Schulhof ist 60 m lang und 40 m breit. Er soll außen mit einem überall gleichbreiten Grünstreifen versehen werden. Wie breit ist der umlaufende Streifen, wenn der verbleibende Schulhof einen Flächeninhalt von 2 204 m² hat?

23. Eine Rasenfläche ist 16 m lang und 12 m breit. In der Mitte wird ein rechteckiges Blumenbeet mit dem Flächeninhalt 32 m² so angelegt, dass der umlaufende Rasenstreifen überall gleich breit ist. Wie breit ist er?

24. In einem Dreieck ist die Höhe 2 cm kürzer als die Grundseite. Verdoppelt man die Länge der Grundseite und verkürzt man die Höhe um 2 cm, so hat das neue Dreieck einen um 36 cm² größeren Flächeninhalt als das ursprüngliche Dreieck. Berechne Grundseite, Höhe und Flächeninhalt des ursprünglichen Dreiecks.

25. Ein Mann geht von seinem Zelt 5 km genau nach Süden, dann 5 km nach Osten, und nach weiteren 5 km nach Norden kommt er wieder zum Zelt. Dort sieht er einen Bären. Welche Farbe hat dessen Fell?

4 Quadratische Gleichungen

Vermischte Aufgaben

1. Runde ein nicht ganzzahliges Ergebnis auf zwei Stellen nach dem Komma.
   a) $2x^2 - 3,4x + 1,2 = 0$ b) $3x^2 - 4,8x + 0,6 = 0$ c) $5x^2 - 4x + 0,75 = 0$ d) $7x^2 - 9,8x - 1,68 = 0$
   e) $2x^2 + 2,4x + 0,4 = 0$ f) $3x^2 + 6,6x + 1,5 = 0$ g) $6x^2 - 0,6x - 1,2 = 0$ h) $4x^2 + 1,7x - 0,3 = 0$

2. a) $2x^2 + \frac{7}{3}x + \frac{2}{3} = 0$ b) $2x^2 - \frac{3}{2}x + \frac{1}{4} = 0$ c) $3x^2 - 1\frac{1}{4}x - \frac{2}{3} = 0$ d) $5x^2 - 4\frac{2}{3}x - 1 = 0$
   e) $3x^2 + 2\frac{1}{2}x + \frac{1}{2} = 0$ f) $2x^2 + \frac{7}{10}x - \frac{3}{5} = 0$ g) $2x^2 - 2x + \frac{12}{25} = 0$ h) $4x^2 + 6\frac{1}{3}x + 2 = 0$

3. Löse die Klammern auf und vereinfache, dann löse mit der Formel. In der Reihenfolge der Aufgaben erhältst du den Namen einer Stadt.
   a) $x(4x + 7) + 20 = x(3x - 2)$ b) $x(x - 3) = 2x(x - 1) - 2$
   c) $5x(x - 1) - 6 = x(3x - 1) + 120$ d) $x(10 + 8x) = 3(-2x) + 24$
   e) $2x(3x - 2) - 7 = x(x + 6) + 233$ f) $x(2x - 1) - 6 = x(9x - 1) - 258$
   g) $3x(2x - 1) - 7 = x(5x + 9) + 57$ h) $x(4x + 3) + 1 = x(x + 6) + 127$

4. Runde das Ergebnis auf zwei Stellen nach dem Komma.
   a) $x^2 + 9x + 3 = 0$ b) $x^2 + 3x - 3 = 0$ c) $x^2 + 7x - 3 = 0$ d) $x^2 + 2x - 9 = 0$
   e) $2x^2 - x - 13 = 0$ f) $6x^2 - 6x + 1 = 0$ g) $-x^2 - 5x + 1 = 0$ h) $5x^2 - x - 2 = 0$
   i) $x^2 - 2x - 4 = 0$ j) $x^2 + 16x + 20 = 0$ k) $2x^2 - 8x - 16 = 0$ l) $3x^2 - 15x - 45 = 0$

5. Verkleinert man eine Zahl um 4 und multipliziert mit der um 5 größeren Zahl, so erhält man 630.

6. Vergrößert man in dem Produkt 17 · 27 jeden Faktor um dieselbe Zahl, so hat das Produkt den Wert 875.

7. Von einem 100 m hohen Turm wird eine Eisenkugel fallen gelassen. Die Höhe h der Kugel über dem Erdboden beträgt nach t Sekunden näherungsweise $h = 100 - 5t^2$. Nach welcher Zeit schlägt die Kugel auf dem Erdboden auf?

8. Eine Feuerwerksrakete wird mit einer Anfangsgeschwindigkeit v = 72 senkrecht nach oben geschossen. Die erreichte Höhe h nach t Sekunden kann man näherungsweise mit der Formel $h = -5t^2 + 72t$ berechnen. Nach welcher Zeit schlägt die Rakete auf dem Boden auf?

9. a)   b) 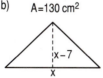   c)   d)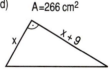

10. Eine 3 010 m² große rechteckige Wiese ist mit 242 m Zaun eingezäunt. Wie lang sind die Seiten des Grundstücks?

11. In einem rechtwinkligen Dreieck ist eine Kathete 6 cm länger als die andere. Die Hypotenuse ist 16 cm lang. Wie lang sind die Katheten?

12. Ein Zimmer ist um 0,80 m länger als breit und hat eine Fläche von 38,28 m². Wie lang und wie breit ist es?

13. Verkürzt man die Seite eines Quadrates um 14 cm und verlängert die andere um 12 cm, so erhält man ein Rechteck mit dem Flächeninhalt 1 056 cm².

Parabeln im Sport

4 Quadratische Gleichungen

Parabeln im Sport

1. Beim Kugelstoßen ist die Flugbahn der Kugel eine Parabel. Christian träumt von einem Stoß, bei dem die Kugel auf einer Parabel mit der Gleichung $y = -0{,}03\,x^2 + x + 1{,}70$ fliegt.
   a) Zeichne die Parabel mithilfe einer Wertetabelle. (x-Achse: Weite in m, 1 cm für 2,5 m; y-Achse: Höhe in m, 1 cm für 1 m)
   b) Bestimme die ungefähre Stoßweite, indem du feststellst, für welches x die Höhe $y = 0$ ist.
   c) Bestimme die genaue Stoßweite, indem du die quadratische Gleichung $-0{,}03\,x^2 + x + 1{,}7 = 0$ löst.
   d) Warum träumt Christian von diesem Stoß?

2. Auch beim Diskuswerfen, Hammerwerfen und Speerwerfen sind die Flugbahnen Parabeln.
   a) Wie weit flog der Hammer, wenn seine Flugparabel die Gleichung $y = -0{,}02\,x^2 + 1{,}64\,x + 0{,}22$ hatte?
   b) Erfinde selbst eine Funktionsgleichung für den Weltrekord im Diskuswerfen der Frauen (76,80 m). Warum muss in der Gleichung $y = a\,x^2 + bx + c$ der Wert c ungefähr 1 sein?

3.
   a) Ulrike Meyfarth gelang das Kunststück, im Abstand von 12 Jahren (1972 und 1984) zweimal Olympiasiegerin im Hochsprung zu werden. Ihr Körperschwerpunkt bewegte sich bei ihrem besten Sprung (2,03 m) annähernd auf einer Parabel mit der Gleichung $y = -0{,}0117\,x^2 + 207$. Welche Höhe erreichte ihr Körperschwerpunkt?
   b) Wie viel cm musste Ulrike Meyfarth vor der Hochsprunglatte abspringen, damit sie diese höchste Höhe genau über der Latte erreichte?
   c) Wie hoch wäre sie gesprungen, wenn sie den idealen Absprung um 25 cm verfehlt hätte?

4.

Als Bob Beamon (USA) 1968 in der Höhenluft von Mexiko-City den Weltrekord im Weitsprung gleich um 55 cm verbesserte, sprach man von einem „Jahrhundertsprung". Er hatte aber nur 23 Jahre Bestand.
   a) Wie weit sprang Bob Beamon, wenn seine Sprungparabel näherungsweise durch die Funktion $y = -0{,}058\,x^2 + 0{,}384\,x + 1{,}18$ beschrieben wird?
   b) Verändere den Faktor vor x^2 so, dass die Traummarke von 9 m erreicht wird.

Satz des Vieta

Satz des Vieta

x_1 und x_2 sind Lösungen der quadratischen Gleichung $x^2 + px + q = 0$, wenn $x_1 + x_2 = -p$ und $x_1 \cdot x_2 = q$ gilt; sonst nicht.

Francois Viète (Vieta)
1540 – 1603
Studierte Jura, später Rat beim Parlament der Bretagne und Ratgeber Heinrich III. Mitbegründer der heutigen Algebra.

Hat die Gleichung $x^2 + 5x + 6 = 0$
die Lösungen $x_1 = 2$ und $x_2 = 3$?
$x_1 + x_2 = 2 + 3 = 5 \neq -p$
$x_1 \cdot x_2 = 2 \cdot 3 = 6 = q$
Nein, dies sind keine Lösungen.

Welche quadratische Gleichung $x^2 + px + q = 0$
hat die Lösungen $x_1 = 4$ und $x_2 = -3$?
$x_1 + x_2 = 4 + (-3) = 1$, also $p = -1$
$x_1 \cdot x_2 = 4 \cdot (-3) = -12$, also $q = -12$
Gleichung: $x^2 - x - 12 = 0$

Aufgaben

1. Überprüfe mit dem Satz des Vieta, ob x_1 und x_2 Lösungen der Gleichung sind.
  a) $x^2 + 10x + 6 = 0$; $x_1 = -8$ und $x_2 = -2$
  b) $x^2 - 4x + 3 = 0$; $x_1 = 3$ und $x_2 = 1$
  c) $x^2 + 2x - 63 = 0$; $x_1 = -9$ und $x_2 = 7$
  d) $x^2 - 4x - 12 = 0$; $x_1 = -2$ und $x_2 = -6$

2. a) $x^2 - 0{,}7x + 1 = 0$; $x_1 = 0{,}5$ und $x_2 = 0{,}2$
  b) $x^2 - 1{,}7x + 0{,}42 = 0$; $x_1 = 1{,}4$ und $x_2 = 0{,}3$
  c) $x^2 - 0{,}2x - 0{,}24 = 0$; $x_1 = 0{,}4$ und $x_2 = -0{,}6$
  d) $x^2 + 0{,}6x - 0{,}72 = 0$; $x_1 = -1{,}2$ und $x_2 = 0{,}6$

3. a) $x^2 - \frac{5}{6}x + \frac{1}{9} = 0$; $x_1 = \frac{1}{6}$ und $x_2 = \frac{2}{3}$
  b) $x^2 - \frac{13}{15}x + \frac{2}{15} = 0$; $x_1 = \frac{1}{5}$ und $x_2 = \frac{1}{3}$
  c) $x^2 - \frac{1}{12}x - \frac{1}{6} = 0$; $x_1 = -\frac{1}{4}$ und $x_2 = \frac{1}{3}$
  d) $x^2 - \frac{1}{6}x - \frac{1}{3} = 0$; $x_1 = \frac{2}{3}$ und $x_2 = -\frac{1}{2}$

4. Bestimme die Gleichung der Form $x^2 + px + q = 0$ mit den angegebenen Lösungen.
  a) 3 und 2
  b) 4 und 1
  c) 2 und −1
  d) −2 und −4
  e) −2 und 5
  f) 7 und −3
  g) −4 und −3
  h) −8 und 6

5. Wie heißt die quadratische Gleichung mit den angegebenen Lösungen in Normalform?
  a) 0,2 und 0,4
  b) 1,2 und 0,5
  c) 0,2 und 1,8
  d) −0,5 und −1,4
  e) −0,5 und −0,2
  f) 1,4 und −0,5
  g) −1,8 und 0,4
  h) −2,2 und 1,5
  i) $\frac{1}{2}$ und $\frac{2}{3}$
  j) $\frac{2}{5}$ und $\frac{1}{4}$
  k) $\frac{1}{4}$ und $\frac{3}{4}$
  l) $-\frac{1}{2}$ und $-\frac{1}{4}$

6. Bestimme die ganzzahligen Lösungen durch systematisches Probieren mit dem Satz des Vieta.
  a) $x^2 - 14x + 45 = 0$
  b) $x^2 - 2x - 8 = 0$
  c) $x^2 + 10x + 16 = 0$
  d) $x^2 - 4x - 45 = 0$

Testen, Üben, Vergleichen
4 Quadratische Gleichungen

1. Prüfe durch Rechnung, ob der Punkt auf dem Graphen $y = (x - 3)^2 + 1$ liegt.
   a) A(3|1)   b) B(−2|−4)   c) C(7|17)   d) D(0|4)

2. Lege eine Wertetabelle an, zeichne den Graphen und lies die Koordinaten des Scheitelpunktes ab.
   a) $y = x^2 - x - 2$ b) $y = -2x^2$ c) $y = (x - 2)^2$

3. Lies am Graphen $y = x^2$ ab und kontrolliere durch Rechnen.
   a) $1{,}7^2$ b) $2{,}6^2$ c) $2{,}2^2$ d) $2{,}9^2$

4. Lies am Graphen $y = \sqrt{x}$ ab und kontrolliere durch Rechnen.
   a) $\sqrt{3{,}2}$ b) $\sqrt{7{,}5}$ c) $\sqrt{4{,}4}$ d) $\sqrt{3{,}8}$

5. Löse zeichnerisch.
   a) $x^2 - 10x + 24 = 0$ b) $x^2 - 4x - 5 = 0$
   c) $x^2 - 2x - 3 = 0$ d) $x^2 - 6x + 8 = 0$

6. Löse durch Zerlegen in Faktoren.
   a) $x^2 - 49 = 0$ b) $4x^2 - 64 = 0$ c) $x^2 - 0{,}04 = 0$
   d) $x^2 - 10 = 0$ e) $x^2 - 2 = 0$ f) $x^2 - 12 = 0$
   g) $x^2 + 4x = 0$ h) $x^2 - 7x = 0$ i) $4x^2 - 36x = 0$

7. Löse mit quadratischer Ergänzung.
   a) $x^2 - 2x - 15 = 0$ b) $x^2 + 8x + 7 = 0$
   c) $x^2 - 16x + 63 = 0$ d) $x^2 + 4x + 3 = 0$

8. Runde das Ergebnis auf eine Stelle nach dem Komma.
   a) $x^2 + 4x - 6 = 0$ b) $x^2 - 5x + 2 = 0$
   c) $x^2 - 3x + 1 = 0$ d) $x^2 - 6x + 4 = 0$

9. Löse mithilfe der Lösungsformel.
   a) $x^2 + 4x - 21 = 0$ b) $x^2 + 6x - 7 = 0$
   c) $x^2 + 14x + 48 = 0$ d) $x^2 + 2x - 63 = 0$

10. Runde das Ergebnis auf eine Stelle nach dem Komma.
    a) $x^2 + 4x + 2 = 0$ b) $x^2 + 3x - 1 = 0$
    c) $x^2 - 5x + 1 = 0$ d) $x^2 - 7x - 19 = 0$

11. Stelle die Gleichung der Form $x^2 + px + q = 0$ mit den angegebenen Lösungen auf.
    a) 3 und −4   b) −5 und 2   c) 0,5 und 1,5

Quadratische Funktionen haben eine Funktionsgleichung $y = ax^2 + bx + c$ mit $a \neq 0$. Ihr Graph ist eine **Parabel**, für $a > 0$ nach oben geöffnet, für $a < 0$ nach unten.

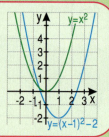

Quadratfunktion: $y = x^2$
Für $x \geq 0$ hat sie die Wurzelfunktion $y = \sqrt{x}$ als Umkehrung.
$\sqrt{9} = 3$ weil $3^2 = 9$

Quadratische Gleichungen sind solche, die man in die Form $x^2 + px + q = 0$ bringen kann.
Spezialfälle

$x^2 + px = 0$	$x^2 + q = 0$
Beispiel:	*Beispiel:*
$x^2 + 5x = 0$	$x^2 - 5 = 0$
$x(x + 5) = 0$	$(x + \sqrt{5})(x - \sqrt{5}) = 0$
$x = 0$ oder $x + 5 = 0$	$x + \sqrt{5} = 0$ oder $x - \sqrt{5} = 0$
$x_1 = 0$ $x_2 = -5$	$x_1 = -\sqrt{5}$ $x_2 = \sqrt{5}$

Lösen mit quadratischer Ergänzung

Gleichung	$x^2 + 4x - 60 = 0$
quadrat. Ergänzen	$x^2 + 4x + 2^2 - 2^2 - 60 = 0$
Binom. Formel	$(x + 2)^2 - 64 = 0$
	$(x + 2 + 8)(x + 2 - 8) = 0$
	$x + 10 = 0$ oder $x - 6 = 0$
Lösungen	$x_1 = -10$ $x_2 = 6$

Lösungsformel
$x^2 + px + q = 0$ mit $\left(\frac{p}{2}\right)^2 - q > 0$ hat zwei Lösungen: $x_{1/2} = -\frac{p}{2} \pm \sqrt{\left(\frac{p}{2}\right)^2 - q}$
Wenn $\left(\frac{p}{2}\right)^2 - q = 0$, hat sie eine Lösung: $x = -\frac{p}{2}$
Wenn $\left(\frac{p}{2}\right)^2 - q < 0$, hat sie keine Lösung.

Satz des Vieta: x_1 und x_2 sind Lösungen der quadratischen Gleichung $x^2 + px + q = 0$, wenn $x_1 + x_2 = -p$ und $x_1 \cdot x_2 = q$ gilt; sonst nicht.

Testen, Üben, Vergleichen
4 Quadratische Gleichungen

1. Eine Kugel verlässt eine Pistole mit einer Geschwindigkeit von $v_0 = 120 \frac{m}{s}$. Schießt man senkrecht nach oben, so wird das Geschoss durch die Gewichtskraft abgebremst und fällt nach einer gewissen Zeit auf den Boden zurück. Die Höhe h der Kugel (in m) nach einer Zeit t (in s) kann näherungsweise mit der Formel $h = 120 \cdot t - 5 t^2$ berechnet werden.
   a) Lege eine Wertetabelle an, die einer Zeit t die Höhe h der Kugel zuordnet für 1 s ≤ t ≤ 20 s und zeichne den Graphen.
   b) Nach wie viel Sekunden hat die Kugel eine Höhe von 500 m erreicht?

2. Stelle eine Wertetabelle auf, zeichne den Graphen und lies die Nullstellen ab.
   a) $y = x^2 + 4$
   b) $y = (x - 3)^2$
   c) $y = -4x^2 + 1$
   d) $y = -0,4 x^2$

3. Zeichne den Graphen und lies die Koordinaten des Scheitelpunktes ab.
   a) $y = (x + 2)^2 - 4$
   b) $y = (x - 1,5)^2 - 2,5$
   c) $y = x^2 + 6x - 2$
   d) $y = x^2 - 7x + 3$

4. Verkleinert man eine Zahl um 4 und multipliziert mit der um 5 größeren Zahl, so erhält man 630.

5. Das Produkt zweier aufeinander folgender Zahlen ist um 305 größer als ihre Summe.

6. Vergrößert man in dem Produkt 17 · 27 jeden Faktor um dieselbe Zahl, so hat das Produkt den Wert 875.

7. Von einem 100 m hohen Turm wird eine Eisenkugel fallen gelassen. Die Höhe h der Kugel über dem Erdboden beträgt nach t Sekunden näherungsweise $h = 100 - 5 t^2$. Nach welcher Zeit schlägt die Kugel auf dem Erdboden auf?

8. Eine Feuerwerksrakete wird mit einer Anfangsgeschwindigkeit $v = 72 \frac{m}{s}$ senkrecht nach oben geschossen. Die erreichte Höhe h nach t Sekunden kann man näherungsweise mit der Formel $h = -5 t^2 + 72 t$ berechnen. Nach welcher Zeit schlägt die Rakete auf dem Boden auf?

9. a) 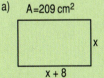 b) 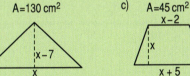 c) d)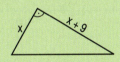

10. Eine 3 010 m² große rechteckige Wiese ist mit 242 m Zaun eingezäunt. Wie lang sind die Seiten des Grundstücks?

11. In einem rechtwinkligen Dreieck ist eine Kathete 6 cm länger als die andere. Die Hypotenuse ist 16 cm lang. Wie lang sind die Katheten?

12. Ein Zimmer ist um 0,80 m länger als breit und hat eine Fläche von 38,28 m². Wie lang und wie breit ist es?

13. Verkürzt man die Seite eines Quadrates um 14 cm und verlängert die andere um 12 cm, so erhält man ein Rechteck mit dem Flächeninhalt 1 056 cm².

14. Eine Tippgemeinschaft tippt monatlich für 150 €. 2 Personen treten bei, deshalb verringert sich der Beitrag pro Person um 2,50 €. Wie viele Personen waren es ursprünglich?

15. Für einen Ausflug waren dem Busunternehmen 320 € zu zahlen. Wären 10 Personen mehr mitgefahren, hätte jeder Teilnehmer 1,60 € weniger bezahlen müssen. Wie viele Personen haben an der Fahrt teilgenommen und wie teuer war die Fahrt?

5 Trigonometrie

10 Minuten später …

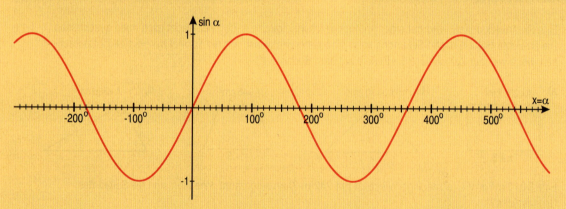

… 30 Minuten später

5 Trigonometrie

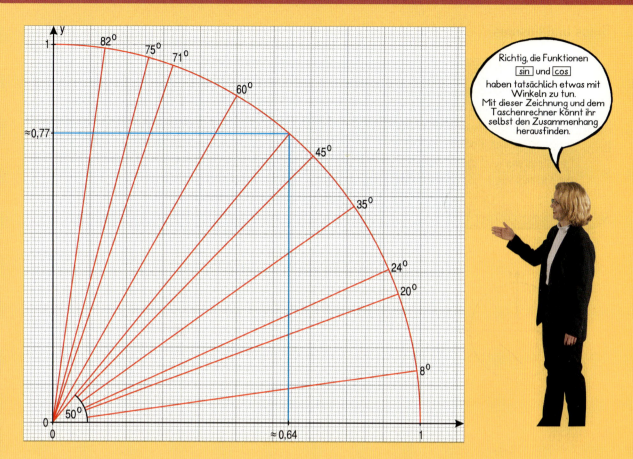

Winkel	zugehöriger Kreispunkt (gerundet)	
50°	x = 0,64	y = 0,77
8°		
20°		
24°		
35°		
45°		
60°		
71°		

5 Trigonometrie

Sinus und Kosinus

(1) Man zeichnet den Winkel α mit dem Nullpunkt als Scheitelpunkt und der x-Achse als einem Schenkel.

(2) Der andere Schenkel trifft den *Einheitskreis* (r = 1) im Punkt P, seine Koordinaten sind sin α und cos α.

Der **Sinus von α** ist die y-Koordinate des Punktes P, der **Kosinus von α** ist die x-Koordinate des Punktes P:

sin α = y   und   **cos α = x**

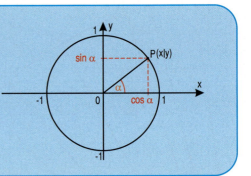

Bestimme sin 123°

Zeichnung
sin 123° ≈ 0,84

TR-Wert
sin 123° = 0,83867…

Bestimme cos 248°

Zeichnung
cos 248° ≈ –0,37

TR-Wert
cos 248° = –0,37460…

Aufgaben

1. Zeichne auf einem DIN-A4-Blatt ein Koordinatenkreuz und den Einheitskreis um den Nullpunkt. Wähle als Einheit 1 dm. Bestimme zeichnerisch den Funktionswert.

   a) sin 71°   b) cos 18°   c) sin 139°   d) cos 117°   e) sin 46°   f) cos 150°
   g) sin 200°   h) cos 63°   i) sin 310°   j) cos 231°   k) sin 75°   l) cos 321°

2. Für welche Winkel α gilt cos α = 0?

3. Bestimme den Funktionswert mit dem Taschenrechner. Runde auf vier Stellen nach dem Komma.

   a) sin 68°   b) cos 132°   c) cos 95°   d) sin 124,6°
   e) cos 251°   f) cos 47,4°   g) sin 61,5°   h) sin 317,9°
   i) cos 106,8°   j) sin 200,74° k) sin 35,7°   l) cos 0,164°

   Im Sichtfeld des Taschenrechners muss ein kleines „DEG" oder „D" zu sehen sein. Wenn nicht, frage deine Lehrerin bzw. deinen Lehrer.

4. Verwende keinen Taschenrechner, sondern nur eine Skizze vom Einheitskreis. Die Buchstaben in der Reihenfolge der Aufgaben ergeben ein Lösungswort.

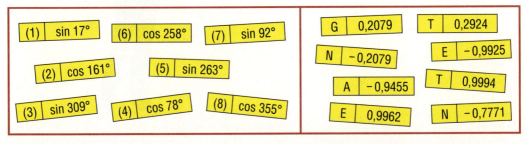

Tangens

Der **Tangens** (abgekürzt: tan) eines Winkels α ist der Quotient aus Sinus von α und Kosinus von α (für cos α ≠ 0).

$$\tan \alpha = \frac{\sin \alpha}{\cos \alpha}$$

Aufgaben

1. Bestimme tan α. Verwende den TR so, als ob er nur die vier Grundrechenarten ausführen kann. Runde auf 4 Stellen nach dem Komma.

α	15°	37°	69°	87°	98°	133°	172°	243°	318°
sin α	0,25882	0,60182	0,93358	0,99863	0,99027	0,73135	0,13917	−0,89101	−0,66913
cos α	0,96593	0,79864	0,35837	0,05234	−0,13917	−0,68200	−0,99027	−0,45399	−0,74314

2. Begründe am Einheitskreis: tan 0° = 0, tan 45° = 1 und tan 135° = −1.

3. **Tangens** hat etwas mit Tangente zu tun.
   a) Welcher Strahlensatz ist bei der Gleichung unter der Zeichnung benutzt worden?
   b) Führe die angegebene Umformung aus.
   c) Schildere ein Verfahren, wie man für Winkel zwischen 0° und 90° den Tangens zeichnerisch bestimmen kann.
   d) Zeichne einen Einheits-Viertelkreis (r = 1 dm) links unten auf ein DIN-A4-Blatt und bestimme zeichnerisch die folgenden Funktionswerte. Kontrolliere anschließend mit dem Taschenrechner.
   tan 8°, tan 17°, tan 28°, tan 35°, tan 41°, tan 52°, tan 59°, tan 64°

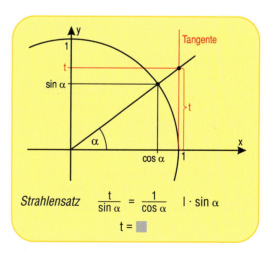

Strahlensatz $\quad \frac{t}{\sin \alpha} = \frac{1}{\cos \alpha} \quad | \cdot \sin \alpha$

t =

4. Bestimme mit dem Taschenrechner auf 5 Stellen nach dem Komma:
   a) tan 37,6°   b) tan 161,9°   c) tan 91,37°   d) tan 219,88°   e) tan 305,21°

5. Einer der folgenden Funktionswerte existiert nicht. Finde ihn heraus, ohne den Taschenrechner zu verwenden: tan 4 860°, tan 4 890°, tan 4 920°, tan 4 950°, tan 4 980°, tan 5 010°, tan 5 040°

5 Trigonometrie

Graphen der Winkelfunktionen

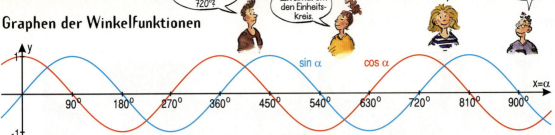

Aufgaben

1. Beim Zeichnen der Winkelfunktions-Graphen tritt das Problem auf, in welchem Abstand die Winkelwerte auf der x-Achse abgetragen werden. Winkel haben keine „Länge". Deshalb wählt man als Abstand die zugehörige *Bogenlänge* b.

α [°]	$b_α$
360	
1	
α	

   a) Wie lang ist $b_{360°}$? Bedenke: r = 1
   b) Wie lang ist $b_{1°}$?
   c) Gib eine Formel allgemein für $b_α$ an.

2. Zeichne den Graphen der Sinusfunktion zwischen 0° und 360°. Klebe vier DIN-A4-Blätter mit den längeren Seiten aneinander und wähle als Einheit 1 dm.

3. Beantworte jeweils für y = sin α, y = cos α und y = tan α:
   a) Ist der Graph achsensymmetrisch?
   b) Ist der Graph punktsymmetrisch?
   c) Um wie viel Grad muss man den Graphen längs der x-Achse verschieben, sodass er mit dem ursprünglichen Graphen zur Deckung kommt?

4. Um wie viel Grad längs der x-Achse muss man den Graphen von y = cos α verschieben, damit er mit dem Graphen von y = sin α zur Deckung kommt?

5. a) Warum gilt sin 10° = sin 170° und sin 145° = sin 35°?
   b) Nenne zwei andere Winkel, deren Sinuswerte gleich sind.

6. Ist α negativ, dann wird er am Einheitskreis wie in der Abbildung eingetragen (rechtsherum, d. h. im „Uhrzeigersinn"). Bestimme mithilfe deiner Zeichnung der Sinusfunktion und einer Skizze den folgenden Funktionswert. Überprüfe dann mit dem Taschenrechner.

   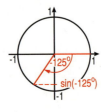

   a) sin (−25°) b) sin (−83°) c) sin (−90°)
   d) sin (−133°) e) sin (−195°) f) sin (−307°)

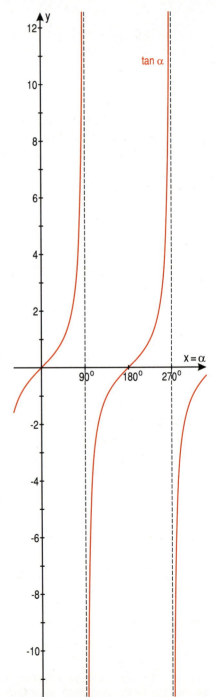

Winkelfunktionen im rechtwinkligen Dreieck

Im rechtwinkligen Dreieck ($\gamma = 90°$) gilt für den Winkel α:

(1) Sinus von α = $\dfrac{\text{Gegenkathete von } \alpha}{\text{Hypotenuse}}$ $\sin \alpha = \dfrac{a}{c}$

(2) Kosinus von α = $\dfrac{\text{Ankathete von } \alpha}{\text{Hypotenuse}}$ $\cos \alpha = \dfrac{b}{c}$

(3) Tangens von α = $\dfrac{\text{Gegenkathete von } \alpha}{\text{Ankathete von } \alpha}$ $\tan \alpha = \dfrac{a}{b}$

Aufgaben

1. a) Miss in dem abgebildeten Dreieck die Seiten und Winkel, notiere die Messwerte im Heft.
   b) Berechne mit den gemessenen Längen die Seitenverhältnisse $\dfrac{a}{b}, \dfrac{a}{c}, \dfrac{b}{a}, \dfrac{b}{c}$.
   c) Bestimme für die gemessenen Winkel mit dem Taschenrechner $\sin \alpha$, $\cos \alpha$, $\tan \alpha$, $\sin \beta$, $\cos \beta$, $\tan \beta$ und vergleiche mit den Seitenverhältnissen.

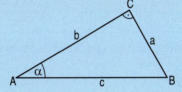

2. Schreibe z. B.: $\sin \alpha = \dfrac{a}{c}$, $\cos \alpha = \dfrac{b}{c}$, $\tan \alpha = \dfrac{a}{b}$.

   a) 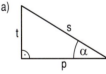 $\sin \alpha = \square$ $\cos \alpha = \square$ $\tan \alpha = \square$

   b) $\sin \alpha = \square$ $\cos \alpha = \square$ $\tan \alpha = \square$

   c) 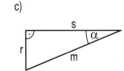 $\tan \alpha = \square$ $\sin \alpha = \square$ $\cos \alpha = \square$

   d) 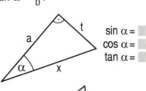 $\cos \alpha = \square$ $\tan \alpha = \square$ $\sin \alpha = \square$

3. a) $\square \alpha = \dfrac{w}{b}$ $\square \alpha = \dfrac{b}{p}$

   b) 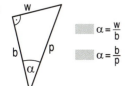 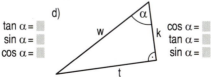 $\square \alpha = \dfrac{r}{k}$ $\square \alpha = \dfrac{s}{k}$

   c) 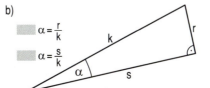 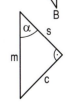 $\square \alpha = \dfrac{c}{s}$ $\square \alpha = \dfrac{c}{m}$

5 Trigonometrie

4.
a) Wie heißt die Gegenkathete von α_1?
b) Welche Seite ist Ankathete von β_2?
c) Wie heißt die Hypotenuse im Dreieck mit dem Winkel α_3?
d) Welche Seite ist Gegenkathete von β_3?
e) Von welchem Winkel ist s die Ankathete?
f) Von welchem Winkel ist p die Gegenkathete?

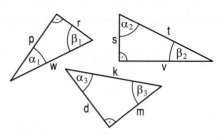

5. Dreieck ABC gewendet und passend auf den Einheitskreis gelegt.

a) $\dfrac{\sin \alpha}{a} = \dfrac{1}{c} \quad | \cdot a$

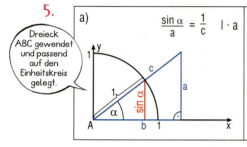

b) $\dfrac{\cos \alpha}{b} = \dfrac{1}{c} \quad | \cdot b$

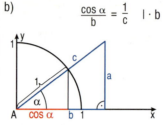

c) $\tan \alpha = \dfrac{\sin \alpha}{\cos \alpha}$

$\tan \alpha = \dfrac{\frac{a}{c}}{\frac{b}{c}}$

$\tan \alpha = \dfrac{a}{c} \cdot \dfrac{\Box}{\Box}$

$= \ldots$

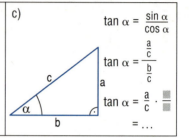

Setze die Herleitungen fort und begründe so die Aussagen im Merke-Kasten auf der linken Nebenseite.

6. Schreibe die Gleichungen für die Sinuswerte, Kosinuswerte und Tangenswerte der bezeichneten Winkel auf.

a) 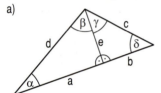   b) 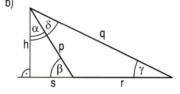   c)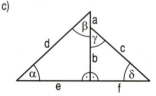

7. Sabine, Arthur und Ibrahim haben das abgebildete Dreieck konstruiert. Folgende Längen messen sie:

Sabine   a = 4,2 cm   und   b = 8,5 cm
Arthur   a = 4,3 cm   und   b = 8,7 cm
Ibrahim   a = 4,4 cm   und   b = 8,6 cm

Wer hat am genauesten gearbeitet?

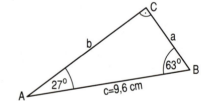

8. Mirco, Yvonne und Tatjana streiten darum, wer das abgebildete Dreieck am genauesten konstruiert hat. Hier ihre Messergebnisse:

Mirco $\beta = 34°$, $\gamma = 56°$ und   a = 11,7 cm
Yvonne $\beta = 32°$, $\gamma = 58°$ und   a = 11,4 cm
Tatjana $\beta = 33°$, $\gamma = 57°$ und   a = 11,6 cm

Beurteile die „Güte" der Messergebnisse.

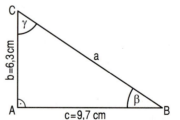

9. Das 50 m lange Halteseil des Sendemastes ist so im Boden verankert, dass es mit diesem einen Winkel von 53° bildet. Die Schülerinnen und Schüler schätzen, in welcher Höhe es am Sendemast befestigt ist. Das sind die Schätzungen:

Inge 40 m, David 45 m, Igor 35 m, Bernd 38 m,
Sabrina 55 m (großes Gelächter), Frank 43 m, Katrin 39 m

Stelle eine Rangfolge von der besten bis zur schlechtesten Schätzung auf. Warum wurde bei Sabrina gelacht?

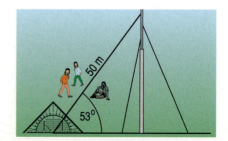

5 Trigonometrie

Berechnung von Seiten im rechtwinkligen Dreieck

(1) Berechne die Seite x.

$\sin 28° = \frac{x}{5{,}6}\quad |\cdot 5{,}6$
$x = 5{,}6 \cdot \sin 28°$
$x = 2{,}629…$
x ist etwa 2,6 cm lang.

(2) Berechne die Seite a.

$\tan 57° = \frac{a}{4{,}3}\quad |\cdot 4{,}3$
$a = 4{,}3 \cdot \tan 57°$
$a = 6{,}621…$
a ist etwa 6,6 cm lang.

(3) Berechne die Seite c.

$\cos 31° = \frac{5{,}8}{c}\quad |\cdot c$
$c \cdot \cos 31° = 5{,}8\quad |:\cos 31°$
$c = \frac{5{,}8}{\cos 31°} = 6{,}766…$
c ist etwa 6,8 cm lang.

Aufgaben

1. Berechne die rot gezeichnete Dreiecksseite.

a)   b)   c)   d)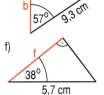

e) 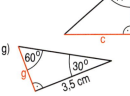 f) 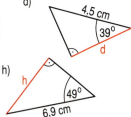 g) 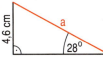 h)

2. Berechne die rot gezeichnete Dreiecksseite.

a) 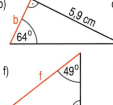 b) 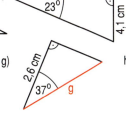 c) 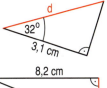 d)

e) f) g) h)

3. Das Dreieck ist wie üblich benannt. Der rechte Winkel ist γ. Berechne alle fehlenden Seiten.

a) a = 5,6 cm b) c = 7,6 cm c) b = 9,2 cm d) c = 11,7 cm e) a = 8,9 cm
α = 29,7°   β = 58°   β = 74,1°   α = 29,3°   β = 61,3°

f) a = 18 cm   g) c = 8,2 cm   h) b = 9,3 cm   i) a = 13,4 cm j) c = 14,9 cm
β = 34,5°   α = 61,4°   α = 66,6°   α = 61°   α = 39,6°

4. Die Passstraße steigt gleichmäßig an.
 a) Welchen Höhenunterschied hat man nach 8 000 m Fahrt überwunden?
 b) Vom Beginn der Passstraße bis zum Pass beträgt der Höhenunterschied 2 300 m. Wie lang ist der Weg zum Pass?

Eine Skizze hilft.

5 Trigonometrie

Berechnung von Winkeln im rechtwinkligen Dreieck

(1) Berechne den Winkel α.

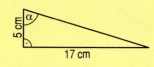

$\tan \alpha = \frac{17}{5}$

α = 73,610…

α ist ca. 73,6° groß.

(2) Berechne den Winkel β.

$\sin \beta = \frac{9,9}{12,3}$

β = 53,598…

β ist ca. 53,6° groß.

(3) Berechne den Winkel γ.

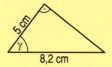

$\cos \gamma = \frac{5}{8,2}$

γ = 52,428…

γ ist ca. 52,4° groß.

Aufgaben

1. Berechne den spitzen Winkel mit dem Taschenrechner, runde auf 2 Stellen nach dem Komma.

   a) sin α = 0,68319
   b) cos α = 0,91438
   c) tan α = 1,61347
   d) tan α = 0,61844
   e) $\sin \beta = \frac{3}{4}$
   f) $\tan \beta = \frac{3}{2}$
   g) $\cos \beta = \frac{2}{5}$
   h) $\sin \beta = \frac{4}{7}$
   i) $\tan \gamma = \frac{4,68}{2,17}$
   j) $\cos \gamma = \frac{4,89}{11}$
   k) $\sin \gamma = \frac{3,516}{4,77}$
   l) $\cos \gamma = \frac{15,81}{21,76}$

2. Berechne den Winkel in der Skizze und runde ganzzahlig.

   a)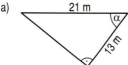
   b)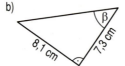
   c)
   d)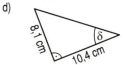

3. Berechne alle Dreieckswinkel, gerundet auf eine Stelle nach dem Komma.

   a)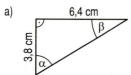
   b)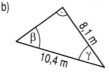
   c)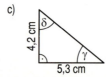
   d)

4. Die Bierdeckel haben eine Kantenlänge von 11 cm. Jede Etage des Bierdeckelhauses ist 9,8 cm hoch. Welchen Winkel schließt jeder Bierdeckel mit seinem Untergrund, auf dem er steht, ein? Fertige dir eine Skizze von zwei aneinander gestellten Bierdeckeln an.

5. Ein Flugzeug befindet sich nach dem Start in 950 m Höhe über einer Kirche, die vom Startpunkt des Flugzeugs 6 km entfernt ist. Berechne den durchschnittlichen Steigungswinkel.

6. Berechne die angegebenen Winkel.

   a)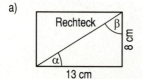
   b)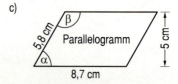
   c) Parallelogramm

Vermischte Aufgaben

1. Sebastian hat das abgebildete Peildreieck hergestellt, um die Höhe von Gebäuden bestimmen zu können. Er steht so weit vom Objekt entfernt, dass er genau dessen Spitze anpeilt. Danach misst er seine Entfernung zum Gebäude.

   a) Die Spitze eines Hochhauses peilt er bei einer Entfernung von 45 m an. Wie hoch ist es?

   b) Wie weit müsste Sebastian sich von einem 212 m hohen Turm entfernen, um ihn genau anpeilen zu können?

2. a) Für das Fliegen hinter dem Motorboot wird eine 120 m lange Leine verwendet. Wie hoch fliegt die Person hinter dem Motorboot, wenn der Winkel zwischen der straffen Leine und der Wasseroberfläche 40° beträgt?

   b) Bei einer 120 m langen Leine soll die Person nicht höher als 25 m über der Wasserfläche fliegen. Wie groß darf der Anstiegswinkel der Leine höchstens sein?

   c) Bei Vollgas des Motorbootes wird für die Leine ein Anstiegswinkel von 46° erreicht. Wie lang muss die Leine sein, damit die Person in 80 m Höhe fliegt?

3. Eine 2,50 m lange Leiter wird so an die Hauswand gelehnt, dass sie bis auf eine Höhe von 2,20 m reicht. Berechne den Anstellwinkel α.

4. Ein Flugzeug startet unter einem gleich bleibenden Winkel. Eine 8 km vom Startplatz entfernte Hütte überfliegt es in einer Höhe von 2 350 m.

   a) Berechne den Winkel für den Steigflug.

   b) Welchen Weg hat das Flugzeug bis zu der Stelle zurückgelegt, an der es die Hütte überfliegt?

5.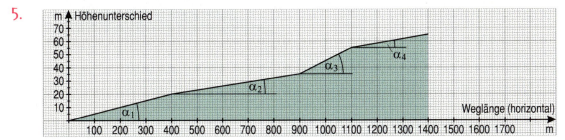

   Die Grafik zeigt das Profil einer Bergstraße, die in vier Abschnitten unterschiedlich steil verläuft.

   a) Berechne für jeden Abschnitt den Steigungswinkel aus dem Verhältnis „Höhenunterschied : Weglänge (horizontal)".

   b) Unter welchem Steigungswinkel würde eine Bergstraße nach 1 300 m denselben Höhenunterschied erreicht haben, wenn sie auf der gesamten Länge gleich steil verliefe?

6. Das Dreieck ABC hat die angegebenen Stücke. Konstruiere und berechne fehlende Seiten und Winkel.

   a) $\gamma = 90°$
   a = 4,2 cm
   c = 5,8 cm

   b) $\beta = 90°$
   c = 14 cm
   a = 22 cm

   c) $\alpha = 90°$
   $\gamma = 40,3°$
   a = 9,5 cm

   d) $\gamma = 90°$
   b = 7,1 cm
   c = 9,6 cm

   e) $\alpha = 90°$
   b = 4,7 cm
   c = 6,8 cm

5 Trigonometrie

7.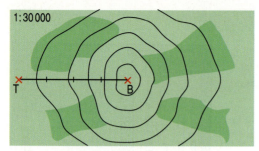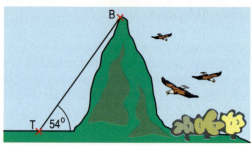

Talstation T und Bergstation B einer Seilbahn auf einer Landkarte und in Seitenansicht:

a) Wie groß ist die horizontale Entfernung von Talstation und Bergstation?
b) Wie groß ist der Höhenunterschied zwischen Talstation und Bergstation?
c) Welchen Weg legt die Gondel der Seilbahn zwischen Tal- und Bergstation zurück?

Beachte den Maßstab der Landkarte: 1 cm entspricht 30 000 cm = ____ m

8. Vom Erdgeschoss zum Obergeschoss führt eine Treppe mit 15 Stufen. Jede Stufe ist 18 cm hoch und 22 cm breit.

a) Berechne Geschosshöhe und Ausladung.
b) Wie groß ist der Steigungswinkel α?
c) Berechne die Länge der Treppenwange.

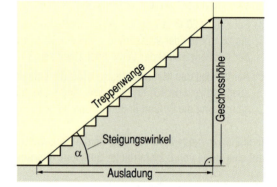

9. Für die Ausladung einer Treppe stehen 3,60 m zur Verfügung. Die Geschosshöhe beträgt 2,65 m. Unter welchem Steigungswinkel α muss die Treppenwange zugeschnitten werden?

10. Das ist der Querschnitt eines Deiches.

a) Berechne den Böschungswinkel α.
b) Berechne die Länge b der Böschung zur Landseite und die Länge a der Böschung zur Seeseite.
c) Berechne die gesamte Sohlenlänge c des Deiches.

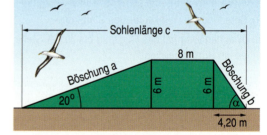

11. Ein gleich geformter Deich wie in der Abb. ist 7 m hoch und oben 10 m breit.
Die Böschung a ist 24 m, die Böschung b 9,50 m lang. Berechne die Böschungswinkel zur Seeseite und zur Landseite sowie die gesamte Sohlenlänge.

12. In welchem Winkel treffen die Sonnenstrahlen auf die Erde?

a) 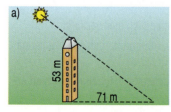 b) 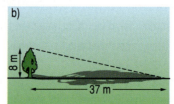 c)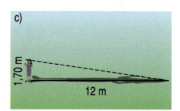

13. Konstruiere und berechne die fehlenden Seiten und Winkel im Dreieck ABC.

a) $\gamma = 90°$
   $\alpha = 42°$
   $c = 6,5$ cm

b) $\alpha = 90°$
   $a = 8,2$ cm
   $c = 4,3$ cm

c) $\gamma = 90°$
   $\beta = 59°$
   $b = 12$ cm

d) $\beta = 90°$
   $a = 5,1$ cm
   $b = 9,4$ cm

e) $\gamma = 90°$
   $a = 4,7$ cm
   $b = 7,6$ cm

5 Trigonometrie

14. Abgebildet ist das gleichschenklige Dreieck ABC. Berechne die Länge der Seite c. *Hinweis:* Das Lot von C auf die Seite c ist Höhe des Dreiecks und zugleich Symmetrieachse.

15. Bei einem Dreieck gilt a = b. Die Seite c ist 14 cm lang, der Winkel α misst 51°. Wie lang sind die Seiten a und b?

16. In einem gleichschenkligen Dreieck sind zwei Seiten 8,5 cm lang und zwei Winkel 41° groß. Wie lang ist die dritte Seite?

17. Ein gleichschenkliges Trapez hat folgende Maße:
a = 24 cm, b = d = 9 cm, c = 10 cm. Berechne den Winkel α und die Höhe des Trapezes (Abstand der parallelen Seiten). *Hinweis:* Führe die Berechnung im Dreieck AHD durch.

18. Im gleichschenkligen Trapez (b = d) sind folgende Maße bekannt: α = 57°, h = 9 cm, c = 6 cm. Berechne den Umfang des Trapezes. *Hinweis:* Berechne d und $\overline{AH}$ im Dreieck AHD.

19. Dies ist der Querschnitt des Dortmund-Ems-Kanals. Das gleichschenklige Trapez ist an der Wasseroberfläche 40 m, am Boden 24,60 m breit. Der Kanal ist 3,50 m tief.
  a) Zeichne den Querschnitt des Kanals im Maßstab 1 : 200 (1 cm für 2 m). Notiere die Maße an der Zeichnung.
  b) Berechne den Böschungswinkel α und die Länge b der Böschung unter Wasser.

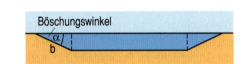

20. Berechne den Umfang des regelmäßigen Vielecks. Der Radius des Umkreises beträgt 4 cm.
Hinweis: Zerlege das Vieleck in kongruente, gleichschenklige Dreiecke.

a)   b)   c)

21. a) Wie weit war das Schiff bei der ersten Peilung P_1, wie weit bei der zweiten Peilung P_2 vom Leuchtturm entfernt? Berechne am Dreieck P_1P_2L!

Warum ist bei P_2 ein rechter Winkel?

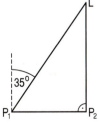

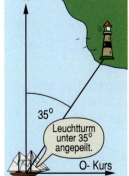
Leuchtturm unter 35° angepeilt. O-Kurs

3,5 Seemeilen später... Leuchtturm genau in Nord. O-Kurs

b) Unter welchem Winkel peilt man den Leuchtturm vom Schiff aus nach weiteren 2,5 sm Fahrt Richtung Ost an?

Berechnungen an Körpern

1. Berechne das Volumen des abgebildeten Werkstückes.

a) 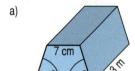 b) 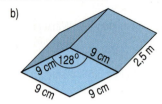 c)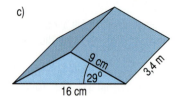

2. Wie hoch ist der Kegel?

a) 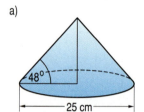 b) 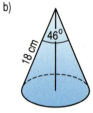 c) 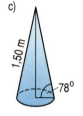 d)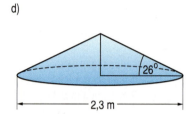

3. Die Seitenkante s der Pyramide ist 45 cm lang. Der Winkel α zwischen s und a misst 65°, der Winkel β zwischen h_s und der Grundfläche der Pyramide ist 71° groß. Berechne
– die Länge der Grundkante a,
– die Länge der Seitenhöhe h_s,
– die Länge der Grundflächendiagonale (Pythagoras),
– die Größe des Winkels γ,
– die Körperhöhe h der Pyramide,
– die Oberfläche der Pyramide.

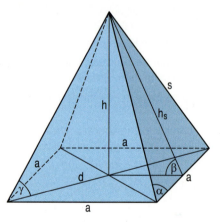

4. Die 136 m hohe Cheopspyramide hat eine Grundkantenlänge von 227 m. Mit welchen Winkeln gegenüber dem Boden sind die Seitenflächen bzw. die Seitenkanten geneigt?

5. Berechne die gesuchte Größe der Pyramide.

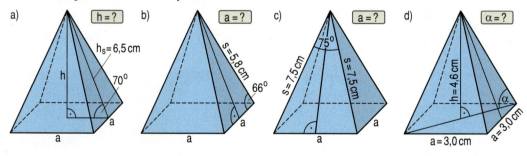

6. Um das Haus vor Lawinen zu schützen, wird auf 20 m Länge die abgebildete Betonwand gebaut. Wie viel m³ Beton werden benötigt?

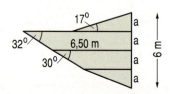 

Steigungen in Prozent

5 Trigonometrie

Steigungen in Prozent

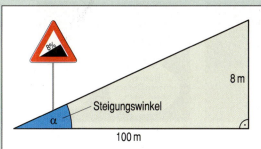

8% Steigung bedeutet: Auf 100 m horizontal gemessener Entfernung beträgt der Höhenunterschied 8 m.

1. 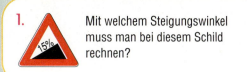 Mit welchem Steigungswinkel muss man bei diesem Schild rechnen?

2. 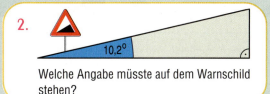 Welche Angabe müsste auf dem Warnschild stehen?

3. Der Loibl-Pass in Kärnten (Österreich) hatte vor dem Bau eines Tunnels max. 29% Steigung, danach nur noch max. 17% Steigung. Um wie viel Grad hat sich der maximale Steigungswinkel verkleinert?

4.

Der fast 300 PS starke „Pisten-Bully" nimmt Steigungen von über hundert Prozent.

100% = 1! Welchen Steigungswinkel hat ein Berghang mit der Steigung 100%?

5. Bei Schienen der Bundesbahn ist auf Hauptstrecken nur ein Steigungswinkel von max. 1,5° und auf Nebenstrecken von max. 2,3° zulässig. Wie viel Prozent Steigung ist das jeweils? Wie lang muss eine Hauptstrecke mindestens sein, wenn sie einen Höhenunterschied von 300 m überwinden soll?

6. Europas steilste Bahnstrecke ist eine Schmalspurstrecke in Chamonix in Frankreich mit der Steigung $m = \frac{1}{11}$. Gib die Steigung in Prozent und in Grad an.

5 Trigonometrie

Berechnungen in beliebigen Dreiecken

> Um die Winkelfunktionen in einem beliebigen Dreieck anwenden zu können, zerlegt man es durch eine geeignete Höhe in zwei rechtwinklige Dreiecke.

Wie lang ist die Seite b?

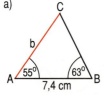

(1) Wahl einer geeigneten Höhe.

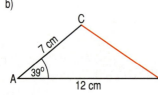

(2) Berechnung von h, p, q

$\sin 31° = \frac{h}{9}$ $\cos 31° = \frac{p}{9}$

$h = 9 \cdot \sin 31°$ $p = 9 \cdot \cos 31°$

$q = 11 - 9 \cdot \cos 31°$

(3) Berechnung von b   *Pythagoras!*

$b^2 = h^2 + q^2$

$b = \sqrt{h^2 + q^2}$

$b = 5{,}6816\ldots$

$b \approx 5{,}7 \text{ cm}$

Aufgaben

1. Berechne die rot gezeichnete Seite des Dreiecks.

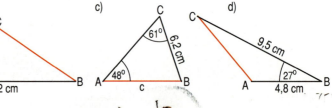

2. Die beiden Basisstationen A und B in der Antarktis liegen 163 km voneinander entfernt. Ein Forscherteam bricht von A in der angegebenen Richtung auf. Nach 124 km Fahrt meldet sich das Team mit einem Notruf. In B ist ein Rettungshubschrauber stationiert. Wie weit und mit welchem Winkel β gegenüber der Strecke $\overline{AB}$ muss der Hubschrauber fliegen, um das Forscherteam zu erreichen?

3. Die Häfen H_1 und H_2 sind 8 km voneinander entfernt. Zur gleichen Zeit beobachten beide Hafenmeister eine rote Leuchtkugel auf See, die offenbar von einem Schiff in Seenot abgefeuert wurde. Die Peilungen sind eingezeichnet.

a) Wie weit ist die Unglücksstelle vom Hafen H_1 und vom Hafen H_2 entfernt?

b) Wie weit ist es von der Unglücksstelle bis zum Ufer?

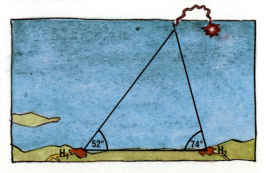

4. Skizziere das Dreieck und eine seiner Höhen. Berechne dann die gesuchte Seite. Bestimme – falls erforderlich – den dritten Winkel mit dem Winkelsummensatz.

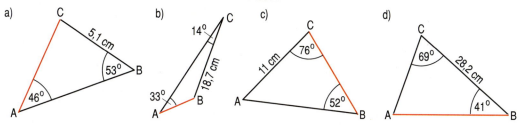

5. Skizziere das Dreieck und eine seiner Höhen. Berechne dann die gesuchte Seite.

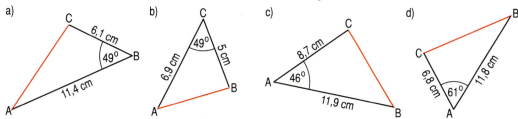

6. Berechne die gesuchten Entfernungen.

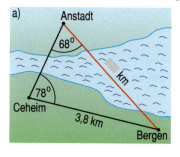
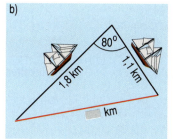
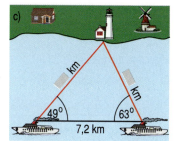

7. Der Ballon wird von A und von B aus unter den angegebenen Winkeln angepeilt.

a) Wie groß ist der Winkel β im Dreieck ABC, wie groß der Winkel γ?

b) Berechne h_b und dann a.

c) Berechne die Höhe des Ballons über der Erde.

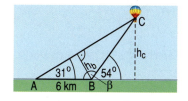

8. Sebastian sieht die Spitze eines Turmes unter 31° gegenüber der Erde. Er geht 35 m auf den Turm zu und sieht nun die Spitze unter 57°. Wie hoch ist der Turm? Eine Skizze kann dir helfen.

9.

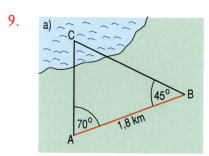
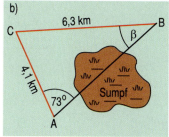
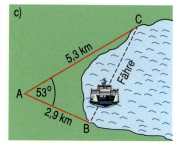

Wie weit ist es von A nach C, von B nach C?

Berechne die Strecke $\overline{AB}$ (erst Winkel β).

Wie lang ist die Strecke von B nach C?

5 Trigonometrie

Testen, Üben, Vergleichen

1. Zeichne einen Viertelkreis mit r = 1 dm in ein Koordinatenkreuz. Trage den angegebenen Winkel ein und bestimme Sinus, Kosinus und Tangens dieses Winkels zeichnerisch. Vergleiche mit den Taschenrechnerwerten.
   a) 13°   b) 27°   c) 41°   d) 54°

2. Bestimme den fehlenden Wert mit dem Taschenrechner. Verwende nur die vier Grundrechenarten.

α	68°	131°	246°
$\sin \alpha$	0,9272	0,7547	
$\cos \alpha$	0,3746		−0,4067
$\tan \alpha$		−1,1504	2,2460

3. Berechne den Winkel α (0° < α < 90°).
   a) $\sin \alpha = 0{,}714$ b) $\cos \alpha = 0{,}149$
   c) $\tan \alpha = 0{,}368$ d) $\tan \alpha = 3{,}418$

4. Um wie viel Grad muss man den Graphen der Sinusfunktion verschieben, damit er mit dem Graphen der Kosinusfunktion zur Deckung kommt?

5. Berechne die gesuchte Seite.

   a) 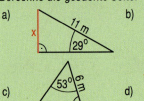   b)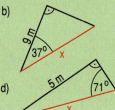

   c)   d)

6. Berechne die rot gefärbten Stücke.

   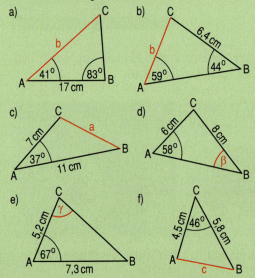

Winkelfunktionen

Zu jedem Winkel α gehört auf dem *Einheitskreis* (r = 1) der Punkt P(x|y).
Es gilt:
$\sin \alpha = y$
$\cos \alpha = x$
Weiterhin gilt: $\tan \alpha = \frac{\sin \alpha}{\cos \alpha}$.

Berechnung von Winkeln

$\sin \alpha = 0{,}86$ für den spitzen Winkel $\alpha = 59{,}3\ldots°$

Graph von Sinus- und Kosinusfunktion

Winkelfunktionen im rechtwinkligen Dreieck

$\sin \alpha = \dfrac{\text{Gegenkathete von } \alpha}{\text{Hypotenuse}}$

$\cos \alpha = \dfrac{\text{Ankathete von } \alpha}{\text{Hypotenuse}}$ $\sin \alpha = \dfrac{a}{c}$ $\cos \alpha = \dfrac{b}{c}$

$\tan \alpha = \dfrac{\text{Gegenkathete von } \alpha}{\text{Ankathete von } \alpha}$ $\tan \alpha = \dfrac{a}{b}$

Berechnungen in beliebigen Dreiecken

Dreieck durch Einzeichnen einer geeigneten Höhe in zwei rechtwinklige Dreiecke zerlegen.

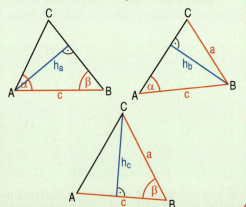

Testen, Üben, Vergleichen
5 Trigonometrie

1. Bestimme den Winkel α.
   a) $\sin \alpha = 0{,}8146$ und $0° < \alpha < 90°$
   b) $\cos \alpha = 0{,}5882$ und $0° < \alpha < 180°$
   c) $\tan \alpha = 2{,}3147$ und $0° < \alpha < 180°$
   d) $\sin \alpha = 0{,}2644$ und $90° < \alpha < 180°$
   e) $\tan \alpha = -0{,}9264$ und $0° < \alpha < 180°$
   f) $\cos \alpha = -0{,}3149$ und $180° < \alpha < 360°$

   Bei einigen Aufgaben hilft eine Skizze am Einheitskreis.

2. Berechne die gesuchte Seite oder den gesuchten Winkel.
   a)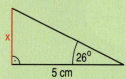
   b)
   c)
   d)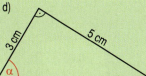

3. Das Dreieck ABC ist wie üblich benannt, der rechte Winkel ist γ. Berechne alle fehlenden Seiten und Winkel.
   a) $\alpha = 43°$
      $c = 7{,}6$ m
   b) $a = 5{,}3$ cm
      $b = 4{,}4$ cm
   c) $\beta = 71°$
      $b = 42$ mm
   d) $a = 4{,}3$ cm
      $c = 6{,}9$ cm
   e) $\alpha = 71°$
      $a = 6{,}78$ m

4. a) Wie lang ist die Leiter?
   b) Wie groß ist der Winkel α?
   c) Wie hoch ist der Baum?

   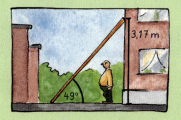  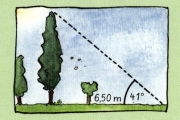

5. Berechne erst die Höhe h, dann den Flächeninhalt.
   a)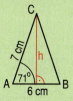
   b)
   c)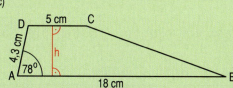

6. Die Durchfahrt zwischen den beiden Pfeilern der Zugbrücke ist 48 m breit. Bei maximaler Öffnung ist der Winkel $\alpha = 23°$.

   a) Geschlossen ist die Brücke 3 m über dem Wasserspiegel. Wie hoch befinden sich die beiden Zugbrückenenden bei maximaler Öffnung über dem Wasserspiegel?
   b) Wie groß ist der Abstand zwischen den beiden Zugbrückenenden bei maximaler Öffnung?

7. Berechne die unbekannten Seiten und Winkel.
   a)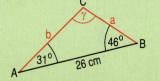
   b)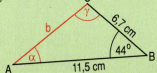
   c)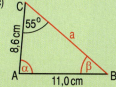

6 Potenzen und Wurzeln

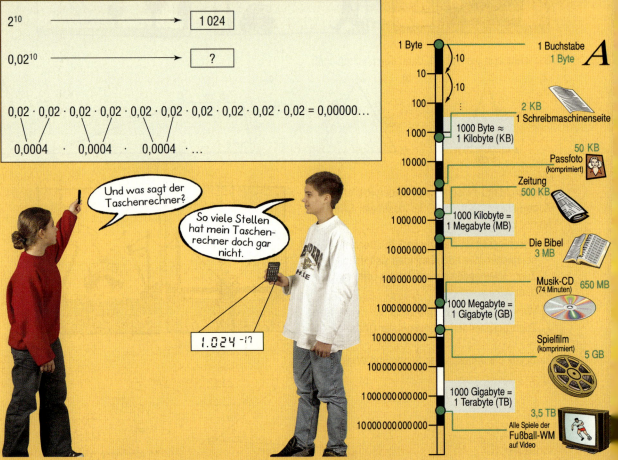

6 Potenzen und Wurzeln

Bausteine der Materie

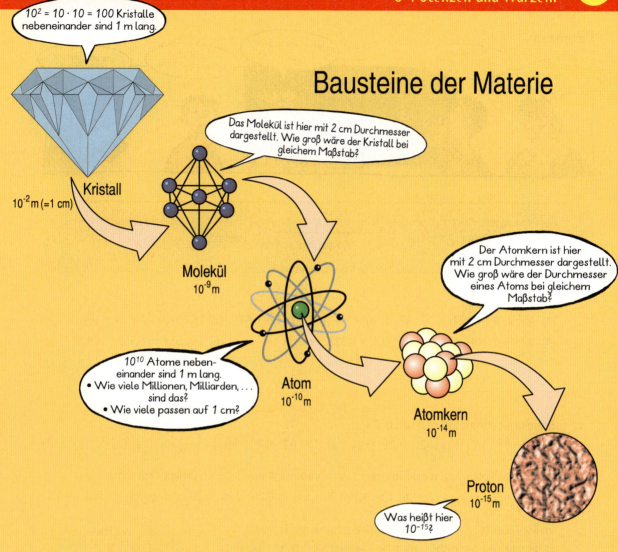

6 Potenzen und Wurzeln

Potenzen

Ein Produkt aus gleichen Faktoren kann man als **Potenz** schreiben.

$\underbrace{a \cdot a \cdot a \cdot a \cdot a \cdot a \cdot a \cdot a}_{8 \text{ Faktoren}} = a^8$

Potenz a^n ← Exponent
← Basis

(1) $4^3 = 4 \cdot 4 \cdot 4 = 64$ (2) $(-4)^3 = -4 \cdot (-4) \cdot (-4) = -64$ (3) $\left(\frac{2}{5}\right)^4 = \frac{2}{5} \cdot \frac{2}{5} \cdot \frac{2}{5} \cdot \frac{2}{5} = \frac{16}{625}$

(4) $1{,}15^4 = 1{,}749\ldots \approx 1{,}75$ (5) $0{,}8^5 = 0{,}327\ldots \approx 0{,}33$ (6) $(-0{,}95)^{20} = 0{,}358\ldots \approx 0{,}36$

Aufgaben

1. Schreibe als Potenz und rechne aus.
a) $5 \cdot 5 \cdot 5$ b) $(-2) \cdot (-2) \cdot (-2) \cdot (-2)$ c) $0{,}2 \cdot 0{,}2 \cdot 0{,}2$ d) $\frac{1}{2} \cdot \frac{1}{2} \cdot \frac{1}{2} \cdot \frac{1}{2}$ e) $\left(-\frac{3}{2}\right) \cdot \left(-\frac{3}{2}\right) \cdot \left(-\frac{3}{2}\right)$

2. Schreibe als Potenz und rechne mit dem Taschenrechner. Runde auf zwei Stellen nach dem Komma.
a) $(-7) \cdot (-7) \cdot (-7) \cdot (-7)$ b) $1{,}5 \cdot 1{,}5 \cdot 1{,}5 \cdot 1{,}5$ c) $0{,}25 \cdot 0{,}25 \cdot 0{,}25$ d) $(-5{,}5) \cdot (-5{,}5) \cdot (-5{,}5)$

3. Im Kopf oder mit dem Taschenrechner? Bestimme das Ergebnis.
a) 4^3 b) 3^4 c) $(-2)^6$ d) $1{,}2^2$ e) $(-0{,}3)^2$ f) 1^5 g) $(-1)^6$ h) $\left(\frac{1}{2}\right)^3$ i) 0^7 j) $(-1{,}1)^2$

4. Bestimme den Exponenten.
a) $81 = 3^\blacksquare$ b) $1\,024 = 2^\blacksquare$ c) $625 = 5^\blacksquare$ d) $0{,}0001 = 0{,}1^\blacksquare$ e) $\frac{1}{256} = \left(\frac{1}{2}\right)^\blacksquare$ f) $\frac{1}{243} = \left(\frac{1}{3}\right)^\blacksquare$ g) $\frac{1}{100\,000} = \left(\frac{1}{10}\right)^\blacksquare$

5. Vergleiche die Potenzen, setze <, = oder > ein.
a) $2^3 \blacksquare 3^2$ b) $2^{10} \blacksquare 1\,000$ c) $(-2)^5 \blacksquare 2^5$ d) $(-3)^7 \blacksquare -3^7$ e) $0{,}9^3 \blacksquare 1^3$ f) $9^7 \blacksquare 1\,000\,000$ g) $1^5 \blacksquare 1^6$

6. Ist die Aussage wahr oder ist sie falsch? Begründe.
a) 2^{10} ist das Zehnfache von 2.   b) 10 ist ein Zehntel von 10^2.   c) 5^3 ist das Fünffache von 5^2.

7. Beachte die Reihenfolge, in der du rechnen sollst.
a) $(3 + 1{,}5)^3$ b) $4 + 5 \cdot 6^2$ c) $3 \cdot (1{,}2 + 2{,}8)^3$
d) $4^3 \cdot 3^4$ e) $4^2 + 5^2$ f) $2 \cdot 3^2 \cdot (6 - 4)^3$
g) $7^3 - \frac{1}{2} \cdot 4^2$ h) $10 \cdot \left(\frac{2}{5} + \frac{1}{2}\right)^3$ i) $\frac{2}{3} \cdot 6^3 - \frac{1}{2} \cdot 4^3$

$(4 + 3)^2 = 7^2$
$4 + 3^2 = 4 + 9$
$2 \cdot 4^2 \cdot 3^2 = 2 \cdot 16 \cdot 9$
$(4 \cdot 3)^2 = 12^2$

8. Berechne und vergleiche. Setze ein <, = oder >.
a) $3 \cdot 2^5 \blacksquare (3 \cdot 2)^5$ b) $2 \cdot 5^2 \blacksquare 2 + 5^2$ c) $2 \cdot 2^2 \blacksquare (2 \cdot 2)^2$ d) $-4^2 \blacksquare (-4)^2$ e) $1 - 3^3 \blacksquare (1-3)^3$

Zehnerpotenzen

Zehnerzahlen (Stufenzahlen von 10) lassen sich als **Zehnerpotenzen** schreiben. Der Exponent gibt die Anzahl der Nullen an.

Große Zahlen kann man in der *Standardschreibweise* als Produkt aus einer Zahl zwischen 1 und 10 und einer Zehnerpotenz schreiben.
Beispiel: 126 Mio. = 126 000 000 = $1{,}26 \cdot 10^8$

Aufgaben

1. Schreibe die Zahl als Zehnerpotenz.
   a) 100   b) 100 000   c) 10 000 000   d) 1 Billion   e) 10 Mrd.   f) 100 Billionen

2. Schreibe ausführlich als Zahl mit Nullen und in Worten.
   a) 10^7 b) 10^9 c) 10^5 d) 10^8 e) 10^4 f) 10^3 g) 10^{12} h) 10^{15}

3. Schreibe in der Standardschreibweise.
   a) 45 000 000   b) 1 670 000   c) 3 596 000   d) 14 000 000   e) 250 Mio.   f) 370 Mrd.

4. Schreibe als eine Zahl nur mit Ziffern.
   a) $6 \cdot 10^{10}$ b) $4{,}5 \cdot 10^{12}$ c) $1{,}25 \cdot 10^9$ d) $7{,}301 \cdot 10^7$ e) $1{,}982 \cdot 10^3$ f) $2{,}7 \cdot 10^5$
   g) $5{,}109 \cdot 10^7$ h) $3{,}7 \cdot 10^8$ i) $8{,}2 \cdot 10^4$ j) $5{,}25 \cdot 10^6$ k) $10{,}445 \cdot 10^2$ l) $14{,}704 \cdot 10^5$

5. Rechne und schreibe das Ergebnis in der Standardschreibweise.
   a) $10^6 \cdot 20$ b) $1\,800 \cdot 10^4$ c) $10^4 \cdot 2{,}5 \cdot 10^3$ d) $2{,}5 \cdot 10^6 \cdot 4 \cdot 10^4$ e) $2{,}6 \cdot 10^7 \cdot 10$ Mio.
   $10^8 \cdot 360$ $10\,500 \cdot 10^5$ $10^5 \cdot 3{,}06 \cdot 10^4$ $3{,}2 \cdot 10^5 \cdot 1{,}5 \cdot 10^5$ $3{,}5 \cdot 10^5 \cdot 100$ Mrd.

6. Die Speicherkapazität von Disketten und Festplatten wird in Kilobyte (KB) bzw. Megabyte (MB) angegeben.
   Schreibe ausführlich und in Worten, wie viel Byte es sind.

Zehnerpotenz	Abkürzung
10^3	k (Kilo)
10^6	M (Mega)
10^9	G (Giga)
10^{12}	T (Tera)

   a) DS/HD-Diskette 1,44 MB
   b) Festplatte 8,4 GB
   c) Digitale VideoDisk (DVD) 17 GB

7. Achim hat ein Programm gekauft. Auf seiner Festplatte hat er noch 1 GB frei. Das Programm ist auf 5 Disketten zu je 1,44 MB gespeichert. Bestimme die verbleibende Kapazität.

6 Potenzen und Wurzeln

Negative Exponenten

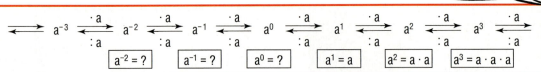

Potenzen mit Null oder einer negativen ganzen Zahl als Exponent sind so festgelegt:

$a^0 = 1$ $\qquad a^{-1} = \dfrac{1}{a} \qquad a^{-n} = \dfrac{1}{a^n}$

$3^{-4} = \dfrac{1}{3^4} = \dfrac{1}{81} \qquad 2^{-5} = \dfrac{1}{2^5} = \dfrac{1}{32} \qquad 10^{-2} = \dfrac{1}{10^2} = \dfrac{1}{100} = 0{,}01$

Aufgaben

1. Berechne die Potenzen, schreibe wie im Beispiel.
   a) 4^3 bis 4^{-3} b) 5^4 bis 5^{-3} c) 3^5 bis 3^{-3}

$4^3 \xrightarrow{:4} 4^2 \xrightarrow{:4} 4^1 \xrightarrow{:4} 4^0 \quad 4^{-1} \quad 4^{-2} \quad 4^{-3}$
$64 \quad 16 \quad \ldots$

2. Schreibe als Bruch mit positiven Exponenten und berechne.
   a) 5^{-2} b) 2^{-2} c) 10^{-6} d) $(-10)^{-3}$ e) 3^{-4} f) 12^{-2} g) $(-5)^{-4}$ h) 4^{-2} i) 6^{-1}

3. Schreibe mit negativem Exponenten und berechne.
   a) $\dfrac{1}{3^2}$ b) $\dfrac{1}{10^5}$ c) $\dfrac{1}{7^2}$ d) $\dfrac{1}{4^3}$ e) $\dfrac{1}{10^3}$ f) $\dfrac{1}{9^3}$ g) $\dfrac{1}{10^4}$ h) $\dfrac{1}{20^1}$ i) $\dfrac{1}{30^2}$

4. Berechne mit dem TR. Runde auf 2 Stellen ≠ 0 nach dem Komma.
   a) 5^{-7} b) 6^{-2} c) 8^{-4} d) 2^{-3} e) 4^{-3} f) 20^{-2}

   $\boxed{2}\ \boxed{x^y}\ \boxed{7}\ \boxed{+/-}\ \boxed{=}$ für 2^{-7}

5. Ergänze die Leerstelle.
   a) $2^\square = \dfrac{1}{8}$ b) $2^\square = \dfrac{1}{2}$ c) $\square^{-2} = \dfrac{1}{9}$ d) $10^\square = \dfrac{1}{1000}$ e) $2^\square = 1$ f) $\square^{-3} = \dfrac{1}{125}$

6. Reise in den Mikrokosmos: Schreibe die Maßzahl als Bruch und als Zehnerpotenz.
   a) Haar   b) Zelle   c) Bakterium   d) Virus   e) DNA-Faden

   0,1 mm = ▇ mm   0,01 mm = ▇ mm   0,001 mm = ▇ mm   0,0001 mm = ▇ mm   0,00001 mm = ▇ mm

7. Schreibe in Standardschreibweise mit negativem Exponenten.
   a) 0,00000034   b) 0,000075   c) 0,00000000951
   d) 5 Millionstel   e) 673 Milliardstel   f) 2 500 Milliardstel

   $0{,}00024 = 2{,}4 \cdot 10^{-4}$
   $0{,}00356 = 3{,}56 \cdot 10^{-3}$

   Alles ganze Zahlen!

8. a) $\left(\dfrac{1}{5}\right)^{-2}$ b) $\left(\dfrac{1}{2}\right)^{-4}$ c) $(0{,}1)^{-4}$ d) $(0{,}5)^{-3}$ e) $\left(\dfrac{1}{10}\right)^{-6}$

6 Potenzen und Wurzeln

Multiplikation und Division von Potenzen gleicher Basis

Für Potenzen mit gleicher Basis $a \neq 0$ gilt:

Beim Multiplizieren werden die Exponenten addiert. $a^m \cdot a^n = a^{m+n}$ $a^m : a^n = a^{m-n}$ Beim Dividieren werden die Exponenten subtrahiert.

$2^5 \cdot 2^3 = 2^{5+3} = 2^8$ $3^5 : 3^2 = 3^{5-2} = 3^3$ $4^2 : 4^5 = 4^{2-5} = 4^{-3} = \dfrac{1}{4^3}$

Aufgaben

1. Schreibe als eine Potenz und berechne.

a) $3^5 \cdot 3^2$ b) $4^3 : 4^2$ c) $5^2 \cdot 5^2$ d) $10^9 : 10^6$ e) $\left(\tfrac{1}{2}\right)^3 \cdot \left(\tfrac{1}{2}\right)^2$ f) $0{,}6^8 : 0{,}6^6$ g) $10^3 \cdot 10^6$

$7^3 \cdot 7^4$ $5^2 : 5^3$ $8^2 \cdot 8^1$ $6^7 : 6^5$ $0{,}8^2 \cdot 0{,}8^2$ $0{,}1^7 : 0{,}1^4$ $10^8 : 10^5$

2. Rechne so, als hätte der Taschenrechner keine allgemeine Potenztaste, sondern nur die x^2- und die x^3-Taste.

$5^7 = 5^3 \cdot 5^3 \cdot 5 \quad 5^7 = 5^3 \cdot 5^2 \cdot 5^2$

a) 5^{13} b) 2^{16} c) 19^7 d) 21^5 e) $(-3)^{11}$ f) 3^5 g) 11^{11} h) $(-2)^8$

3. Schreibe erst mit positiven Exponenten und rechne schrittweise wie im Beispiel. Für negative Exponenten gelten dieselben Regeln.

$4^5 \cdot 4^{-3} = 4^5 \cdot \dfrac{1}{4^3} = \dfrac{4^5}{4^3} = 4^{5-3}$

$2^3 : 2^{-4} = 2^3 : \dfrac{1}{2^4} = 2^3 \cdot 2^4 = 2^7$

a) $3^4 \cdot 3^{-2}$ b) $2^{-3} \cdot 2^6$ c) $4^{-2} \cdot 4^{-3}$

$5^3 : 5^{-2}$ $7^{-3} : 7^2$ $3^{-2} : 3^{-5}$

4. Schreibe als eine Potenz und berechne.

a) $4^2 \cdot 4^{-3}$ b) $3^{-2} : 3$ c) $10^5 \cdot 10^{-5}$ d) $7^{-2} : 7^{-2}$ e) $0{,}7^5 \cdot 0{,}7^{-3}$ f) $2^3 : 2^{-5}$

$2^{-2} \cdot 2^{-3}$ $10^{-2} : 10^3$ $8^7 \cdot 8^{-4}$ $10^5 : 10^6$ $1{,}2^{-4} \cdot 1{,}2^6$ $5^{-1} \cdot 5^{-3}$

5. Schreibe in der Standardschreibweise.

$25{,}3 \cdot 10^6 = 2{,}53 \cdot 10^7$
$18{,}5 \cdot 10^{-5} = 1{,}85 \cdot 10^{-4}$
Zahl zwischen 1 und 10

a) $17{,}3 \cdot 10^8$ b) $35{,}7 \cdot 10^{-6}$ c) $253{,}4 \cdot 10^5$ d) $488{,}7 \cdot 10^{-4}$

e) $212 \cdot 10^9$ f) $470 \cdot 10^{-11}$ g) $3\,780 \cdot 10^7$ h) $4\,583 \cdot 10^{-12}$

6. Notiere das Ergebnis in der Standardschreibweise. Runde den Faktor vor der Zehnerpotenz auf 2 Stellen nach dem Komma.

a) $4{,}57 \cdot 10^8 \cdot 5 \cdot 10^{-4}$ b) $5{,}12 \cdot 10^{-4} \cdot 6{,}4 \cdot 10^7$ c) $4{,}73 \cdot 10^{-3} \cdot 7{,}20 \cdot 10^{-2}$ d) $6{,}54 \cdot 10^{-5} \cdot 8 \cdot 10^9$

e) $7{,}02 \cdot 10^6 \cdot 8 \cdot 10^3$ f) $4{,}65 \cdot 10^2 \cdot 8{,}72 \cdot 10^4$ g) $8{,}05 \cdot 10^4 \cdot 2{,}15 \cdot 10^3$ h) $3{,}48 \cdot 10^6 \cdot 2{,}17 \cdot 10^3$

7. Rechne mit Zehnerpotenzen und schreibe das Ergebnis mit Worten.

a) 1 Million Milliardstel   b) Hunderttausend Millionstel   c) 1 Milliarde Tausendstel

6 Potenzen und Wurzeln

Multiplikation und Division von Potenzen mit gleichem Exponenten

Für Potenzen mit Basen a, b ≠ 0 und gleichen Exponenten gilt:

Beim Multiplizieren werden die Basen multipliziert. $a^n \cdot b^n = (a \cdot b)^n$ $a^n : b^n = (a : b)^n$ Beim Dividieren werden die Basen dividiert.

$50^4 \cdot 2^4 = 100^4$ $10^6 : 2^6 = 5^6$ $5^{-6} \cdot 0{,}4^{-6} = 2^{-6}$ $8^{-5} : 4^{-5} = 2^{-5}$

Aufgaben

1. Rechne mit dem Taschenrechner auf zwei Arten. Welcher Weg ist schneller?

a) $4^3 \cdot 5^3$ $(4 \cdot 5)^3$
b) $1{,}25^4 \cdot 4^4$ $(1{,}25 \cdot 4)^4$
c) $0{,}5^7 \cdot 2^7$ $(0{,}5 \cdot 2)^7$
d) $9^3 : 4{,}5^3$ $(9 : 4{,}5)^3$
e) $8^{-4} : 2^{-4}$ $(8 : 2)^{-4}$
f) $24^{-5} : 8^{-5}$ $(24 : 8)^{-5}$

2. Schreibe als Potenz und berechne im Kopf.

a) $2^4 \cdot 5^4$ $10^7 \cdot 0{,}1^7$
b) $15^3 : 5^3$ $20^4 : 10^4$
c) $8^9 \cdot 0{,}125^9$ $12{,}5^6 \cdot 8^6$
d) $320^5 : 80^5$ $48^4 : 12^4$
e) $0{,}2^3 \cdot 30^3$ $0{,}4^4 \cdot 5^4$
f) $2\,500^3 : 500^3$ $720^3 : 240^3$

3. a) $4^{-3} \cdot 25^{-3}$ $0{,}5^{-4} \cdot 4^{-4}$
b) $70^{-7} : 7^{-7}$ $16^{-2} : 8^{-2}$
c) $1{,}5^3 \cdot 8^3$ $0{,}3^{-4} \cdot 10^{-4}$
d) $10^{-3} : 2^{-3}$ $12^{-5} : 3^{-5}$
e) $0{,}75^4 \cdot 4^4$ $0{,}6^{-4} \cdot 5^{-4}$
f) $24^5 : 8^5$ $15^{-3} : 5^{-3}$

4. Das Ergebnis ist eine Zehnerpotenz. Ordne zu, du erhältst ein Lösungswort.

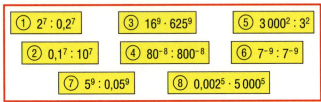
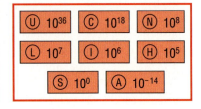

5. Ergänze die fehlenden Zahlen und berechne.

a) $\dfrac{2^7}{4^7} = \blacksquare^7$
b) $\dfrac{\blacksquare^5}{3^5} = 2^5$
c) $\dfrac{8^{12}}{\blacksquare^{12}} = 4^{12}$
d) $\dfrac{10^9}{\blacksquare^9} = 0{,}1^9$
e) $\dfrac{6^7}{\blacksquare^7} = 1{,}5^\blacksquare$
f) $3^5 \cdot \blacksquare^5 = 18^5$
g) $\blacksquare^4 \cdot 5^4 = 10^4$
h) $1{,}5^3 \cdot 4^3 = \blacksquare^\blacksquare$
i) $\blacksquare^3 \cdot 0{,}8^3 = 64$
j) $\blacksquare^5 \cdot 0{,}1^5 = 1$

6. Ein Würfel mit 120 cm Kantenlänge ist mit Wasser gefüllt.

a) Wie viele Würfel mit 40 cm Kantenlänge lassen sich damit füllen? Rechne geschickt im Kopf.

b) Wie viele Würfel lassen sich damit füllen bei der Kantenlänge 30 cm (60 cm, 20 cm, 15 cm)?

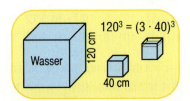

6 Potenzen und Wurzeln

Potenzen von Potenzen

Beim Potenzieren von Potenzen werden die Exponenten multipliziert: $(a^m)^n = a^{m \cdot n}$ $(a \neq 0)$

$(3^5)^6 = 3^{30}$ $(3^{-2})^5 = 3^{-10}$ $(4^5)^{-3} = 4^{-15}$ $(5^{-3})^{-4} = 5^{12}$

Aufgaben

1. Schreibe mit nur einem Exponenten und berechne. Das Ergebnis ist eine ganze Zahl oder ein Bruch.
   a) $(2^5)^2$ b) $(3^2)^3$ c) $(4^{-2})^2$ d) $(10^3)^4$ e) $(10^{-4})^2$ f) $(5^{-1})^3$ g) $(5^{-2})^{-2}$ h) $(3^4)^2$

2. Ergänze den fehlenden Exponenten und berechne.
   a) $(4^3)^\blacksquare = 4^6$ b) $(2^5)^\blacksquare = 2^{-10}$ c) $(10^2)^{-3} = 10^\blacksquare$ d) $(6^5)^\blacksquare = 6^0$ e) $(3^\blacksquare)^{-4} = 3^8$

3. Schreibe mit nur einem Exponenten. Runde das Ergebnis so, dass es außer Nullen nur noch 2 andere Stellen hat.
   a) $(7^2)^3$ b) $(3^3)^{-2}$ c) $(2,5^4)^3$ d) $(1,6^{-3})^4$ e) $(1,8^5)^3$

   $117\,649 \approx 120\,000$
   $0,001371 \approx 0,0014$

4. Notiere das Ergebnis gerundet in der Standardschreibweise.
   a) $(1,8 \cdot 10^3)^2$ b) $(7,2 \cdot 10^{-3})^4$ c) $(5,9 \cdot 10^2)^{-4}$ d) $(3,1 \cdot 10^{-2})^{-3}$
   $(4,3 \cdot 10^2)^3$ $(4,5 \cdot 10^{-2})^5$ $(2,3 \cdot 10^4)^{-3}$ $(4,8 \cdot 10^{-4})^{-5}$

   $(2,3 \cdot 10^4)^3 = 12,167 \cdot 10^{12}$
   $\approx 1,2 \cdot 10^{13}$

5. a) $(5^4)^3$ b) $(4,4^5)^{-3}$ c) $(12^2)^4$ d) $(8,5^4)^5$ e) $(6,7^{-4})^4$ f) $(23^2)^4$ g) $(0,2^8)^{-2}$ h) $(5,6^{-3})^{-5}$

6. Bestimme die Exponenten für Längen-, Flächen- und Raummaße.
   a) $10^\blacksquare$ mm = 1 m $10^\blacksquare$ mm² = 1 m² $10^\blacksquare$ mm³ = 1 m³
   b) $10^\blacksquare$ cm = 1 km $10^\blacksquare$ cm² = 1 km² $10^\blacksquare$ cm³ = 1 km³
   c) $10^\blacksquare$ dm = 1 km $10^\blacksquare$ dm² = 1 km² $10^\blacksquare$ dm³ = 1 km³

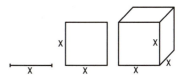

7. Unterscheide „Potenz hoch Zahl" und „Zahl hoch Potenz". Berechne und vergleiche: <, =, >.
   a) $(2^3)^3 \blacksquare 2^{(3^3)}$ b) $(4^1)^2 \blacksquare 4^{(1^3)}$ c) $(5^2)^0 \blacksquare 5^{(2^0)}$ d) $3^{(2^3)} \blacksquare 3^{(3^2)}$ e) $(1^5)^6 \blacksquare 1^{(5^6)}$

8. Schreibe die Basis als Potenz und rechne dann mit der neuen Basis.
   a) 4^5 b) 9^2 c) 25^{-2} d) 8^3 e) 27^{-2} f) 16^{-2}

   $4^3 = (2^2)^3 = 2^6 = 64$

9. Gesucht ist die größte Zahl, die man mit drei Ziffern, und zwar mit 2, 3, 4 schreiben kann.

6 Potenzen und Wurzeln

Vermischte Aufgaben

1. Anna erzählt ihrer Freundin Lisa ein Gerücht. Beide erzählen es in der nächsten Stunde jeweils einer weiteren Person. Und alle erzählen …
   a) Wie viele Personen kennen das Gerücht nach einer weiteren, also nach insgesamt 3 Stunden?
   b) Nach wie viel Stunden kennen es 500 Personen?
   c) Nach wie viel Stunden kennen es theoretisch alle 80 Mio. Einwohner Deutschlands?
   d) Warum ist diese Rechnung „Theorie"?

2. Eine Bakterienkultur mit 10^6 Bakterien vervierfacht sich stündlich. Wie viele sind es nach 1, 2, 3, … Stunden? Notiere mit der Standardschreibweise in einer Tabelle, bis 1 Mrd. überschritten ist.

3. Schreibe als Potenz mit einer Basis a > 1. Es kann mehrere Lösungen geben.
   a) 81   b) 128   c) 1 024   d) 0,0001   e) 1,61051   f) 1 Millionstel   g) 1 Milliarde

4. Schreibe als Zehnerpotenz und in Worten.
   a) (1 Million)^3 b) 1 000 Millionen   c) (10 Mio.)^2 d) 1 Million Milliarden

5. Ordne zu. Das Lösungswort nennt, was einen Besuch lohnt.

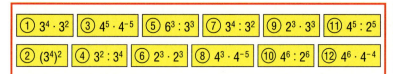
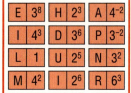

6. Rechne mit dem Taschenrechner und schreibe gerundet in der Standardschreibweise.
   a) $0{,}1^5$ b) $0{,}001^4$ c) $0{,}2^{10}$ d) $0{,}05^4$ e) $0{,}3^{12}$ f) $0{,}02^8$ g) $0{,}125^6$

7. Rechne mit den Faktoren vor den Zehnerpotenzen. Die Zehnerpotenz des Ergebnisses kannst du im Kopf bestimmen.
   a) $(3{,}34 \cdot 10^5) \cdot (5{,}5 \cdot 10^6)$ b) $(2{,}558 \cdot 10^6) \cdot (1{,}11 \cdot 10^9)$ c) $(0{,}998 \cdot 10^{10}) \cdot (1{,}25 \cdot 10^3)$
   d) $(8{,}88 \cdot 10^{12}) : (4 \cdot 10^6)$ e) $(12{,}08 \cdot 10^6) \cdot (15{,}8 \cdot 10^4)$ f) $(0{,}455 \cdot 10^9) : (1{,}25 \cdot 10^9)$

8. In der homöopathischen Medizin werden flüssige Wirkstoffe schrittweise verdünnt. Die Verdünnung D1 besteht aus 10% Wirkstoff, gemischt mit 90% Wasser. Die Verdünnung D2 besteht aus 10% Verdünnung D1, gemischt mit 90% Wasser. Die Verdünnung D3 …
   a) Wie viel *l* Wirkstoff sind in 1 *l* Verdünnung D2?
   b) 1 *l* Verdünnung D5 enthält $10^{-\blacksquare}$ *l* Wirkstoff. Bestimme den Exponent.
   c) Bei welcher Verdünnung enthält 1 *l* noch 0,001 Mikroliter Wirkstoff?
   d) In wie viel *l* Verdünnung D9 ist genau 1 ml Wirkstoff?

9. Findest du alle positiven ganzen Zahlen mit $a^b = b^a$?

10. Gibt es zwei benachbarte natürliche Zahlen, die beide Potenzen sind mit Exponenten > 1?

6 Potenzen und Wurzeln

n-te Potenz und n-te Wurzel

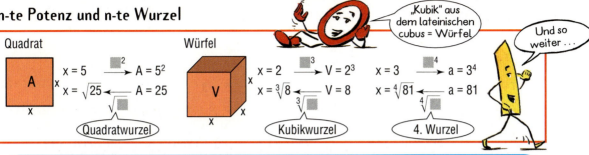

Für positive Zahlen ist das **Wurzelziehen** die Umkehrung des Potenzierens.

$\sqrt{9} = 3$ $\sqrt[3]{125} = 5$ $\sqrt[4]{81} = 3$ $\sqrt[5]{32} = 2$

weil $3^2 = 9$ weil $5^3 = 125$ weil $3^4 = 81$ weil $2^5 = 32$

Aufgaben

1. Dritte Wurzeln sind Kubikwurzeln. Runde das Taschenrechnerergebnis auf 3 Nachkommastellen.
 a) $\sqrt[3]{3}$ b) $\sqrt[3]{10}$ c) $\sqrt[3]{34{,}5}$ d) $\sqrt[3]{22{,}8}$ e) $\sqrt[3]{400}$ f) $\sqrt[3]{788}$ g) $\sqrt[3]{653}$ h) $\sqrt[3]{100\,000}$

2. Bestimme ohne Taschenrechner die beiden benachbarten natürlichen Zahlen. Begründe durch Potenzieren.
 a) $\sqrt[3]{6}$ b) $\sqrt[3]{10}$ c) $\sqrt[3]{250}$ d) $\sqrt[3]{420}$ e) $\sqrt[3]{700}$ f) $\sqrt[3]{3\,000}$

$4 < \sqrt[3]{100} < 5$
$64 < 100 < 125$ hoch 3

3. Vierte, fünfte und sechste Wurzeln, aber jede lässt sich im Kopf berechnen.
 a) $\sqrt[4]{16}$ b) $\sqrt[6]{64}$ c) $\sqrt[5]{243}$ d) $\sqrt[6]{1\,\text{Million}}$ e) $\sqrt[4]{0{,}0081}$ f) $\sqrt[5]{1}$ g) $\sqrt[4]{6\,250\,000}$

4. Berechne mit dem Taschenrechner. Runde auf 3 Nachkommastellen.
 a) $\sqrt[4]{10}$ b) $\sqrt[4]{0{,}84}$ c) $\sqrt[5]{25}$ d) $\sqrt[5]{0{,}85}$ e) $\sqrt[5]{3\,712}$ f) $\sqrt[6]{437}$
    $\sqrt[4]{50}$ $\sqrt[4]{0{,}5}$ $\sqrt[5]{60}$ $\sqrt[5]{0{,}50}$ $\sqrt[5]{40\,200}$ $\sqrt[6]{50\,700}$

5. Für welche Zehnerpotenzen $10^1, 10^2, 10^3, \ldots$ ist die Wurzel ganzzahlig?   a) $\sqrt{\;}$ b) $\sqrt[3]{\;}$ c) $\sqrt[4]{\;}$

6. Elektrische Widerstände (Einheit: Ohm) gibt es im Handel nur in bestimmten Normenreihen (Dekaden).

> Pro Dekade ergeben sich die folgenden Werte mit den entsprechenden Toleranzangaben; wobei der Faktor der Abstufung der einzelnen Reihen sich aus dem Ansatz $F = \sqrt[x]{10}$ herleiten. Für x ist je nach Reihe zu setzen 6 – 12 – 24 – 48 – 96 – 192.

a) E6 Bestimme mit dem Taschenrechner den Faktor $F = \sqrt[6]{10}$ für die Dekade E6 und speichere ihn im Taschenrechner als konstanten Faktor. Berechne die Werte von E6 bis 1 000.

b) Berechne entsprechend die Werte von E12 und E24.

c) Kannst du ohne zu rechnen vorhersagen, wie viele Werte E48 von 100 bis 1 000 hat?

d) Warum ist jeder Wert einer Dekade auch in der nächsten? Warum hat die Tabelle Abweichungen?

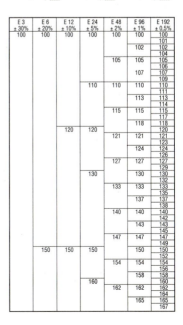

6 Potenzen und Wurzeln

Rechnen mit Quadratwurzeln

1.
a) $\sqrt{27}$
$\sqrt{3}$
$\sqrt{27} \cdot \sqrt{3}$
$\sqrt{27 \cdot 3}$

b) $\sqrt{2}$
$\sqrt{32}$
$\sqrt{2} \cdot \sqrt{32}$
$\sqrt{2 \cdot 32}$

c) $\sqrt{5}$
$\sqrt{125}$
$\sqrt{5} \cdot \sqrt{125}$
$\sqrt{5 \cdot 125}$

d) $\sqrt{0{,}5}$
$\sqrt{8}$
$\sqrt{0{,}5} \cdot \sqrt{8}$
$\sqrt{0{,}5 \cdot 8}$

> $\sqrt{2} = 1{,}4\dots$
> $\sqrt{8} = 2{,}8\dots$
> $\sqrt{2} \cdot \sqrt{8} = 4$
> $\sqrt{2 \cdot 8} = \sqrt{16} = 4$

2.
a) $\sqrt{40} \cdot \sqrt{2{,}5}$
b) $\sqrt{240} \cdot \sqrt{0{,}6}$
c) $\sqrt{750} \cdot \sqrt{1{,}2}$
d) $\sqrt{1250} \cdot \sqrt{8}$
e) $\sqrt{800} \cdot \sqrt{18}$

3. Berechne auf zwei Arten wie im Beispiel.
a) $\sqrt{64 \cdot 4}$
b) $\sqrt{36 \cdot 9}$
c) $\sqrt{100 \cdot 25}$
d) $\sqrt{25 \cdot 4}$
e) $\sqrt{4 \cdot 9}$
f) $\sqrt{0{,}25 \cdot 9}$
g) $\sqrt{0{,}49 \cdot 36}$
h) $\sqrt{0{,}04 \cdot 25}$
i) $\sqrt{81 \cdot 9}$
j) $\sqrt{1{,}21 \cdot 16}$

> $\sqrt{9 \cdot 25} = \sqrt{225} = 15$
> $\sqrt{9} \cdot \sqrt{25} = 3 \cdot 5 = 15$

4. Berechne auf zwei Arten wie im Beispiel.
a) $\sqrt{64 : 4}$
b) $\sqrt{36 : 9}$
c) $\sqrt{100 : 25}$
d) $\sqrt{625 : 25}$
e) $\sqrt{729 : 9}$
$\sqrt{0{,}25 : 9}$
$\sqrt{0{,}49 : 36}$
$\sqrt{0{,}04 : 25}$
$\sqrt{271 : 9}$
$\sqrt{1{,}21 : 16}$

> $\sqrt{2401 : 49} = \sqrt{49} = 7$
> $\sqrt{2401} : \sqrt{49} = 49 : 7 = 7$

5. Berechne auf zwei Arten wie im Beispiel.
a) $\sqrt{\frac{144}{9}}$
b) $\sqrt{\frac{400}{25}}$
c) $\sqrt{\frac{196}{49}}$
d) $\sqrt{\frac{64}{16}}$
e) $\sqrt{\frac{900}{9}}$
f) $\sqrt{\frac{81}{25}}$
g) $\sqrt{\frac{4{,}84}{400}}$
h) $\sqrt{\frac{0{,}25}{0{,}01}}$
i) $\sqrt{\frac{0{,}01}{0{,}04}}$
j) $\sqrt{\frac{1{,}21}{0{,}04}}$

> $\sqrt{\frac{36}{16}} = \sqrt{2{,}25} = 1{,}5$
> $\frac{\sqrt{36}}{\sqrt{16}} = \frac{6}{4} = 1{,}5$

6. Rechne, dann setze ein: <, = oder >.
a) $\sqrt{3} + \sqrt{2}$ ■ $\sqrt{3+2}$
b) $(\sqrt{8})^2$ ■ $\sqrt{8^2}$
c) $\sqrt{7} - \sqrt{3}$ ■ $\sqrt{7-3}$
d) $\sqrt{3} \cdot \sqrt{3}$ ■ $\sqrt{3^2}$
e) $\sqrt{5} \cdot \sqrt{2}$ ■ $\sqrt{10}$
f) $\sqrt{5} \cdot \sqrt{5}$ ■ $\sqrt{5}$
g) $\sqrt{50} : \sqrt{10}$ ■ $\sqrt{5}$
h) $\sqrt{8} : \sqrt{2}$ ■ $\sqrt{4}$
i) $\sqrt{20} : \sqrt{2}$ ■ $\sqrt{10}$

7. Berechne und vergleiche.
a) $\sqrt{4}$; $\sqrt{400}$; $\sqrt{4 \cdot 100}$; $\sqrt{4} \cdot \sqrt{100}$
b) $\sqrt{25}$; $\sqrt{2500}$; $\sqrt{25 \cdot 100}$; $\sqrt{25} \cdot \sqrt{100}$
c) $\sqrt{121}$; $\sqrt{1{,}21}$; $\sqrt{121 : 100}$; $\sqrt{121} : \sqrt{100}$
d) $\sqrt{225}$; $\sqrt{0{,}0225}$; $\sqrt{225 : 10000}$; $\sqrt{225} : \sqrt{10000}$

8. Übertrage die Tabelle in dein Heft und berechne das Produkt a · b mit dem Taschenrechner. (2 Stellen nach dem Komma). Bei welchen Aufgaben hättest du den Taschenrechner besser nicht verwendet?

a \ b	$\sqrt{6}$	$\sqrt{8}$	$\sqrt{10}$	$\sqrt{12}$	$\sqrt{72}$
$\sqrt{2}$					
$\sqrt{3}$					

9. Fasse zuerst die Wurzelterme zusammen. Runde auf eine Stelle nach dem Komma.
a) $4 + 6 \cdot \sqrt{5} - 2 \cdot \sqrt{5}$
b) $4 \cdot \sqrt{7} + 3 - 5 \cdot \sqrt{7}$
c) $9 \cdot \sqrt{11} + 11 - 10 \cdot \sqrt{11}$
d) $8 + 2 \cdot \sqrt{13} - 6 \cdot \sqrt{13}$
e) $4 \cdot \sqrt{11} + 6 \cdot \sqrt{13} + 2 \cdot \sqrt{11}$
f) $22 \cdot \sqrt{11} - 11 \cdot \sqrt{22} + 12 \cdot \sqrt{11}$

> $3 + 4 \cdot \sqrt{5} + 2 \cdot \sqrt{5}$
> $= 3 + 6 \cdot \sqrt{5}$

10. a) Überlege, dann kennst du die Ergebnisse ohne langes Rechnen.
$\sqrt{4^2}$ $\sqrt{(-4)^2}$ $\sqrt{17^2}$ $\sqrt{(\frac{-1}{47})^2}$ $\sqrt{487^2}$ $\sqrt{(\frac{13}{67})^2}$ $\sqrt{(-74{,}8)^2}$

b) Welche Gleichung gilt nur für positive Zahlen, welche gilt für alle?   (1) $\sqrt{a^2} = a$ (2) $\sqrt{a^2} = |a|$

Irrationale Zahlen

6 Potenzen und Wurzeln

Irrationale Zahlen

Zahlen heißen **rational**, wenn sie als Bruch $\frac{a}{b}$ geschrieben werden können. Alle anderen Zahlen heißen **irrational**.

1. Patric: $\sqrt{2}$ ist keine ganze Zahl.
   Ute: Klar!
   Jens: Klar?
   Warum hat Patric Recht?

2. a) Schreibe die ungefähren Werte von $\sqrt{2}$ als Bruch:
   1,414   1,4142135
   b) Kann man jeden endlichen Dezimalbruch als Bruch $\frac{a}{b}$ schreiben? Begründe.

3. Wer hat Recht, Alois (A) oder Barbara (B)?
   A: Ich könnte, wenn ich Zeit genug hätte, den genauen Wert von $x = \sqrt{2}$ hinschreiben.
   B: Glaub ich nicht. Welche letzte Ziffer sollte x denn haben? Null kann es ja nicht sein.
   A: Es ist $x = 1{,}414213562\ldots3$.
   B: Falsch! Dann hätte x^2 als letzte Ziffer die 9. Also: $x^2 \neq 2{,}00\ldots0\ldots$
   A: Ich hab mich vertan, es ist $x = 1{,}414213562\ldots1$.
   B: Auch falsch! Versuch lieber nicht nochmal. Es ist immer $x^2 \neq 2$.
   A: Und wieso?

4.

6 Potenzen und Wurzeln

Potenzschreibweise für Wurzeln

Wurzeln als Potenzen?

$\sqrt{a} = a^{\blacksquare}$ $\sqrt[3]{a} = a^{\blacksquare}$

$(\sqrt{a})^2 = (a^{\blacksquare})^2 = a^1$ $(\sqrt[3]{a})^3 = (a^{\blacksquare})^3 = a^1$

Sicher keine ganze Zahl.
$\blacksquare = ?$

Potenzen potenzieren 〉〈 Exponenten multiplizieren

$(10^2)^3 = (10 \cdot 10) \cdot (10 \cdot 10) \cdot (10 \cdot 10) = 10^6$
und dann auch für andere Zahlen:
$(a^2)^3 = (a \cdot a) \cdot (a \cdot a) \cdot (a \cdot a) = a^6$

Wurzeln kann man als Potenzen schreiben mit einem Bruch als Exponenten.

$\sqrt{a} = a^{\frac{1}{2}}$ $\sqrt[3]{a} = a^{\frac{1}{3}}$ $\sqrt[4]{a} = a^{\frac{1}{4}}$ ...   für a > 0 $\sqrt[n]{a} = a^{\frac{1}{n}}$

Aufgaben

1. Berechne und vergleiche die Anzahl der Nullen. Wie passt das zur Potenzschreibweise?

a) $10^2 = \blacksquare$ b) $1\,000^2 = \blacksquare$ c) $\sqrt{100\,000\,000} = \blacksquare$
d) $10^3 = \blacksquare$ e) $100^3 = \blacksquare$ f) $\sqrt[3]{1\,000\,000\,000} = \blacksquare$

doppelt so viele Nullen
$100 \xleftrightarrow{\blacksquare^2} 10\,000$
$\sqrt{\blacksquare} = \blacksquare^{\frac{1}{2}}$
halb so viele Nullen

2. Schreibe als Potenz und berechne im Kopf.

a) $\sqrt{25}$ b) $\sqrt{625}$ c) $\sqrt{0{,}49}$ d) $\sqrt[3]{27}$ e) $\sqrt[3]{125}$ f) $\sqrt[3]{0{,}064}$ g) $\sqrt[4]{256}$ h) $\sqrt[3]{0{,}0016}$

3. Schreibe als Wurzel und berechne im Kopf.

a) $16^{\frac{1}{2}}$ b) $400^{\frac{1}{2}}$ c) $8\,000^{\frac{1}{3}}$ d) $64^{\frac{1}{3}}$ e) $0{,}027^{\frac{1}{3}}$ f) $0{,}36^{\frac{1}{2}}$ g) $0{,}0625^{\frac{1}{4}}$ h) $81^{\frac{1}{4}}$

4. Schreibe als Potenz und berechne auf zwei Weisen mit dem Taschenrechner: mit der Wurzel- und mit der Potenztaste.

a) $\sqrt[3]{8}$ b) $\sqrt[3]{343}$ c) $\sqrt{529}$ d) $\sqrt[4]{4\,096}$ e) $\sqrt[3]{0{,}216}$ f) $\sqrt[4]{0{,}2401}$

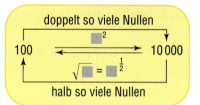

5. Schreibe als Potenz und berechne mit der Potenztaste des Taschenrechners. Runde auf drei Ziffern ≠ 0.

a) $\sqrt{40}$ b) $\sqrt[3]{0{,}9}$ c) $\sqrt[3]{80}$ d) $\sqrt[3]{270}$ e) $\sqrt[3]{0{,}08}$ f) $\sqrt[3]{100}$ g) $\sqrt[4]{400}$ h) $\sqrt[4]{810}$ i) $\sqrt[5]{1\,000}$

6. Berechne und schreibe mit dem richtigen Exponenten.

a) $\sqrt[3]{5^6} = 5^{\blacksquare}$ b) $\sqrt{8^4} = 8^{\blacksquare}$ c) $\sqrt{12^6} = 12^{\blacksquare}$
d) $\sqrt[3]{3^9} = 3^{\blacksquare}$ e) $\sqrt[3]{2^{12}} = 2^{\blacksquare}$ f) $\sqrt[4]{3^8} = 3^{\blacksquare}$

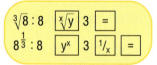

$\sqrt[3]{4^6} = 4^2$, weil: $(4^2)^3 = 4^6$
$(4 \cdot 4) \cdot (4 \cdot 4) \cdot (4 \cdot 4)$

7. Berechne alle drei Terme und vergleiche. Welcher ist am einfachsten zu berechnen?

a) $\sqrt{16^3}$ b) $\sqrt{4^5}$ c) $\sqrt{100^3}$ d) $\sqrt[3]{1\,000^2}$ e) $\sqrt[3]{8^4}$ f) $\sqrt[3]{27^2}$
   $(\sqrt{16})^3$ $(\sqrt{4})^5$ $(\sqrt{100})^3$ $(\sqrt[3]{1\,000})^2$ $(\sqrt[3]{8})^4$ $(\sqrt[3]{27})^2$
   $16^{\frac{3}{2}}$ $4^{\frac{5}{2}}$ $100^{\frac{3}{2}}$ $1\,000^{\frac{2}{3}}$ $8^{\frac{4}{3}}$ $27^{\frac{2}{3}}$

8. a) $\sqrt{1\text{ Mio.}}$, $\sqrt[3]{1\text{ Mio.}}$, $\sqrt[4]{1\text{ Mio.}}$, $\sqrt[5]{1\text{ Mio.}}$, ...
Wann ist 1,1 unterschritten?
Wohin geht es weiter?

b) $\sqrt{2}$, $\sqrt[3]{3}$, $\sqrt[4]{4}$, $\sqrt[5]{5}$, ... Wohin geht es hier?

6 Potenzen und Wurzeln

Potenzen mit rationalen Exponenten

$a^{\frac{1}{2}} = \sqrt{a}$ (a > 0) $a^{\frac{1}{3}} = \sqrt[3]{a}$ $a^{\frac{1}{4}} = \sqrt[4]{a}$ $a^{\frac{1}{5}} = \sqrt[5]{a}$

$a^{\frac{2}{2}} = \sqrt{a} \cdot \sqrt{a} = \sqrt{a \cdot a}$ $a^{\frac{2}{3}} = \sqrt[3]{a} \cdot \sqrt[3]{a} = \sqrt[3]{a \cdot a}$ $a^{\frac{2}{4}} = \sqrt[4]{a} \cdot \sqrt[4]{a} = \sqrt[4]{a \cdot a}$ $a^{\frac{2}{5}} =$

$a^{\frac{3}{2}} = \sqrt{a} \cdot \sqrt{a} \cdot \sqrt{a} = \sqrt{a \cdot a \cdot a}$ $a^{\frac{3}{3}} = \sqrt[3]{a} \cdot \sqrt[3]{a} \cdot \sqrt[3]{a} = \sqrt[3]{a \cdot a \cdot a}$ $a^{\frac{3}{4}} = \sqrt[4]{a} \cdot \sqrt[4]{a} \cdot \sqrt[4]{a} = \sqrt[4]{a \cdot a \cdot a}$

....

> Für positive Zahlen a sind Potenzen mit einem Bruch als Exponenten so festgelegt: $a^{\frac{p}{q}} = \sqrt[q]{a^p} = (\sqrt[q]{a})^p$
>
> Wurzel einer Potenz   Potenz einer Wurzel

Aufgaben

1. Schreibe als Wurzel einer Potenz.
a) $3^{\frac{3}{4}}$ b) $15^{\frac{1}{2}}$ c) $9^{\frac{4}{3}}$ d) $6^{\frac{1}{4}}$ e) $24^{\frac{7}{11}}$ f) $36^{-\frac{3}{5}}$

2. Schreibe als Potenz einer Wurzel.
a) $\sqrt[3]{8^6}$ b) $\sqrt[3]{5^4}$ c) $\sqrt[4]{6^3}$ d) $\sqrt{3^3}$ e) $\sqrt[5]{11^3}$ f) $\sqrt[4]{9^6}$

3. Schreibe als Potenz ohne Wurzel.
a) $(\sqrt[3]{4})^2$ b) $(\sqrt[5]{7})^3$ c) $(\sqrt[4]{3})^3$ d) $(\sqrt[6]{9})^3$ e) $(\sqrt{5})^3$ f) $(\sqrt[3]{27})^{-4}$

4. Berechne ohne Taschenrechner.
a) $(\sqrt{5})^4$ b) $(\sqrt[3]{4})^6$ c) $(\sqrt[3]{5})^9$ d) $(\sqrt[4]{6})^8$
e) $(\sqrt{3})^{-2}$ f) $(\sqrt[4]{5})^{-8}$ g) $(\sqrt[3]{2})^{-6}$

> $(\sqrt{3})^4 = 3^{\frac{4}{2}} = 3^2 = 9$
> $(\sqrt[3]{4})^{-6} = 4^{-\frac{6}{3}} = 4^{-2} = \frac{1}{4^2} = \frac{1}{16}$

5. Berechne ohne Taschenrechner.
a) $\sqrt[3]{3^6}$ b) $\sqrt[4]{4^8}$ c) $\sqrt[4]{15^4}$ d) $\sqrt{2^{10}}$ e) $\sqrt[5]{6^{15}}$ f) $\sqrt[4]{4^{-8}}$

6. Berechne wie im Beispiel.
a) $4^{\frac{6}{3}}$ b) $7^{\frac{8}{4}}$ c) $12^{\frac{10}{5}}$ d) $9^{\frac{4}{2}}$
e) $10^{\frac{6}{3}}$ f) $8^{\frac{12}{6}}$ g) $16^{\frac{8}{4}}$ h) $50^{\frac{6}{3}}$

> $5^{\frac{6}{3}} = \sqrt[3]{5^6}$
> $= \sqrt[3]{(5 \cdot 5) \cdot (5 \cdot 5) \cdot (5 \cdot 5)} = 5 \cdot 5 = 5^2$

7. Schreibe als Potenz und berechne auf zwei Weisen mit dem Taschenrechner: mit der Wurzel- und mit der Potenztaste. Runde auf drei Nachkommastellen.
a) $\sqrt[3]{5^2}$ b) $\sqrt[4]{7^5}$ c) $\sqrt{3^4}$ d) $\sqrt[3]{11^5}$
e) $(\sqrt[3]{125})^{-3}$ f) $(\sqrt[3]{80})^{-2}$ g) $(\sqrt[4]{500})^{-1}$

> $\sqrt[3]{8^4}$ mit dem TR:
> 8 [y^x] 4 [x√y] 3 [=]
>
> $8^{\frac{4}{3}}$ mit dem TR:
> 8 [y^x] (4 [:] 3) [=]

8. Berechne und vergleiche.
a) $6^{\frac{1}{2}} \cdot 6^{\frac{2}{3}}$ und $6^{\frac{7}{6}}$ b) $10^{\frac{3}{4}} : 10^{\frac{1}{4}}$ und $10^{\frac{2}{4}}$ c) $5^{\frac{2}{3}} \cdot 7^{\frac{2}{3}}$ und $35^{\frac{2}{3}}$
d) $3^{-\frac{3}{5}} \cdot 4^{-\frac{2}{5}}$ und $12^{-\frac{3}{5}}$ e) $20^{\frac{4}{7}} : 5^{\frac{4}{7}}$ und $4^{\frac{4}{7}}$ f) $16^{\frac{5}{3}} : 8^{\frac{5}{3}}$ und $2^{\frac{5}{3}}$

6 Potenzen und Wurzeln

1. Berechne im Kopf.
   a) 4^3 b) $0{,}5^2$ c) $(-3)^3$ d) $(-4)^4$ e) $0{,}1^5$

2. Schreibe als Bruch mit positivem Exponenten und berechne.
   a) 7^{-2} b) 5^{-3} c) 3^{-4} d) 2^{-5} e) 10^{-5}

3. Schreibe in der Standardschreibweise.
   a) 750 000 000 000   b) 37 Milliarden
       593 000 000   43 Billionen

4. Schreibe als eine Potenz und berechne.
   a) $4^3 \cdot 4^2$ b) $2^7 \cdot 2^8$ c) $8^3 \cdot 8^2$
      $5^7 : 5^3$ $12^8 : 12^6$ $23^5 : 23^2$

5. a) $5^8 \cdot 0{,}4^8$ b) $3^5 \cdot 2^5$ c) $20^4 \cdot 0{,}1^4$
        $12^6 : 6^6$ $10^4 : 5^4$ $24^5 : 8^5$

6. a) $(2^3)^2$ b) $(1{,}5^2)^4$ c) $(4^2)^{-2}$ d) $(5^{-2})^3$
       e) $(12^4)^2$ f) $(24^3)^4$ g) $(3{,}25^{-2})^2$ h) $(0{,}63^{-4})^{-2}$

7. Schreibe ins Heft, ergänze die fehlenden Zahlen.
   a) $4^{\square} \cdot 4^4 = 4^9$ b) $3^8 \cdot 3^{\square} = 3^6$
   c) $5^{\square} : 5^6 = 5^{-2}$ d) $4^3 \cdot \square^3 = 20^3$
   e) $(4^{\square})^5 = 4^{15}$ f) $32^5 : \square^5 = 8^5$

8. Berechne die Wurzeln im Kopf.
   a) $\sqrt{256}$ b) $\sqrt[3]{8\,000}$ c) $\sqrt[4]{625}$ d) $\sqrt[5]{32}$
      $\sqrt{121}$ $\sqrt[3]{125}$ $\sqrt[4]{256}$ $\sqrt[5]{100\,000}$
      $\sqrt{0{,}09}$ $\sqrt[3]{0{,}027}$ $\sqrt[4]{10\,000}$ $\sqrt[5]{243}$

9. Schreibe als Potenz und berechne mit dem Taschenrechner. Runde auf drei Stellen ≠ 0.
   a) $\sqrt{40}$ b) $\sqrt[3]{50}$ c) $\sqrt[4]{200}$ d) $\sqrt[5]{25}$
      $\sqrt{0{,}9}$ $\sqrt[3]{100}$ $\sqrt[4]{1\,000}$ $\sqrt[5]{0{,}5}$

10. Prüfe und setze ein: = oder ≠
   a) $\sqrt{4^3} \ \square \ 4^{\frac{3}{2}}$ b) $\sqrt[3]{8^4} \ \square \ 8^{\frac{4}{3}}$
   c) $(\sqrt{64})^3 \ \square \ 64^{\frac{3}{2}}$ d) $\sqrt[3]{27^5} \ \square \ 27^{\frac{5}{3}}$

11. Schreibe als Potenz und berechne.
   a) $\sqrt[4]{6^3}$ b) $\sqrt[3]{16^4}$ c) $\sqrt[5]{12^3}$
   d) $(\sqrt{18})^{-3}$ e) $(\sqrt[4]{32})^6$ f) $(\sqrt[3]{25})^{-4}$
   g) $(\sqrt[4]{50})^{-2}$ h) $(\sqrt[5]{0{,}25})^2$ i) $(\sqrt[4]{120^{-3}})$

Potenzen mit Basis $a \neq 0$ (n gleiche Faktoren)
Exponent $n > 0$ $a^n = \overbrace{a \cdot a \cdot \ldots \cdot a}^{n}$
Exponent $n = 0$ $a^0 = 1$
Exponent $-n < 0$ $a^{-n} = \dfrac{1}{a^n}$

Standardschreibweise mit Zehnerpotenzen
$43\,000\,000 = 4{,}3 \cdot 10^7$

Rechengesetze für Potenzen $a \neq 0$, $b \neq 0$
Multiplizieren bei gleicher Basis
$a^m \cdot a^n = a^{m+n}$ $2^4 \cdot 2^5 = 2^9$
Dividieren bei gleicher Basis
$a^m : a^n = a^{m-n}$ $3^6 : 3^2 = 3^4$
Multiplizieren bei gleichem Exponenten
$a^n \cdot b^n = (a \cdot b)^n$ $2^5 \cdot 3^5 = 6^5$
Dividieren bei gleichem Exponenten
$a^n : b^n = (a : b)^n$ $12^3 : 2^3 = 6^3$
Potenzieren von Potenzen
$(a^n)^m = a^{n \cdot m}$ $(2^4)^3 = 2^{12}$

Für positive Zahlen ist das **Wurzelziehen** die Umkehrung des Potenzierens.
$x \xrightarrow{\square^n} a \xrightarrow{\sqrt[n]{\square}}$
$\sqrt{9} = 3$ $\sqrt[3]{125} = 5$ $\sqrt[4]{81} = 3$
weil $3^2 = 9$ weil $5^3 = 125$ weil $3^4 = 81$

Potenzschreibweise für Wurzeln $\sqrt[n]{a} = a^{\frac{1}{n}}$ für $a > 0$
$\sqrt{25} = 25^{\frac{1}{2}}$ $\sqrt[3]{8} = 8^{\frac{1}{3}}$ $\sqrt[4]{81} = 81^{\frac{1}{4}}$

Potenzen mit rationalem Exponenten
$a^{\frac{p}{q}} = \sqrt[q]{a^p} = (\sqrt[q]{a})^p$ für $a > 0$

Testen, Üben, Vergleichen
6 Potenzen und Wurzeln

1. Runde das Ergebnis, sodass es außer Nullen nur noch drei andere Stellen hat.
   a) 23^5 b) 11^{-4} c) $5{,}48^6$ d) $0{,}032^3$ e) $0{,}74^{-5}$ f) $13{,}5^3$ g) $0{,}42^5$

2. Schreibe in der Standardschreibweise.
   a) $48 \cdot 10^4$ b) $4{,}75 \cdot 10^3$ c) $12{,}5 \cdot 10^5$ d) $0{,}041 \cdot 10^8$ e) $75 \cdot 10^3$ f) $0{,}24 \cdot 10^3$

3. Schreibe zuerst als eine Potenz und berechne dann. Du schaffst es ohne Taschenrechner.
   a) $2 \cdot 2^5$ b) $3 \cdot 3^2$ c) $0{,}25 \cdot 4^3$ d) $10 \cdot 10^3$ e) $2^5 : 4$ f) $10^5 : 100$ g) $4^3 : 0{,}25$

4. Forme erst um, sodass du nur einmal die Potenztaste benötigst.
   a) $(1{,}05^5)^7$ b) $(2{,}35^4)^3$ c) $(4{,}5^2)^{-4}$ d) $(0{,}5^{-3})^5$ e) $(10^{-4})^{-3}$ f) $((0{,}1^3)^{-4})^{-2}$

5. Ordne die Lösungen zu, es geht ohne Taschenrechner. Du erhältst ein Lösungswort.

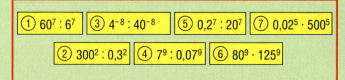 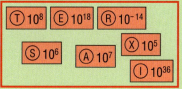

6. Eine Bakterienkultur verdoppelt sich alle $1\tfrac{1}{2}$ Stunden. In welcher Zeit verachtfacht sie sich?

7. Berechne die Potenz und die Wurzel.
   a) 2^6 und $\sqrt[6]{64}$ b) 10^5 und $\sqrt[5]{100\,000}$ c) 3^4 und $\sqrt[4]{81}$ d) 10^9 und $\sqrt[9]{1\,000\,000\,000}$

8. Schreibe ins Heft und ergänze die fehlende Zahl.
   a) $\sqrt[3]{\ } = 4$ b) $\sqrt[3]{\ } = 6$ c) $\sqrt[4]{\ } = 2{,}5$ d) $\sqrt[4]{\ } = 100$ e) $\sqrt[5]{\ } = 4$ f) $\sqrt[5]{\ } = 3$

9. Berechne den Flächeninhalt eines Quadrats der Seitenlänge   a) 5 cm;   b) 0,2 m;   c) 2,5 m.

10. Berechne die Seitenlänge eines Quadrats mit der Fläche   a) 49 m²;   b) 0,09 m²;   c) 100 m².

11. Berechne die Kantenlänge eines Würfels mit dem Volumen   a) 27 cm³;   b) 1 000 cm³;   c) 64 m³.

12. Zwischen welchen ganzen Zahlen liegt die Wurzel?   a) $\sqrt{45}$ b) $\sqrt{150}$ c) $\sqrt{13}$ d) $\sqrt{77}$ e) $\sqrt{234}$

13. Zwischen welchen ganzen Zahlen liegt die Kubikwurzel?   a) $\sqrt[3]{12}$ b) $\sqrt[3]{20}$ c) $\sqrt[3]{100}$ d) $\sqrt[3]{260}$

14. Schreibe als Wurzel und berechne auf zwei Weisen mit dem TR.
   a) $18^{\frac{1}{2}}$ b) $24^{\frac{1}{2}}$ c) $300^{\frac{1}{3}}$ d) $63^{\frac{1}{3}}$ e) $420^{\frac{1}{5}}$ f) $7\,250^{\frac{1}{3}}$ g) $0{,}54^{\frac{1}{4}}$ h) $0{,}014^{\frac{1}{2}}$

15. Schreibe ohne Wurzel und berechne:
   a) $\sqrt[5]{6^7}$ b) $\left(\sqrt[3]{4}\right)^{-2}$ c) $\left(\sqrt[6]{12}\right)^3$ d) $\sqrt[4]{15^3}$ e) $\left(\sqrt{0{,}75}\right)^{-4}$ f) $\left(\sqrt[5]{250}\right)^{-6}$

16. <, > oder =? Begründe.
   a) $2^{\frac{6}{7}} \cdot 14^{\frac{6}{7}}\ \square\ 28^{\frac{12}{7}}$ b) $9^{\frac{1}{2}} \cdot 0{,}5^{\frac{1}{2}}\ \square\ \sqrt{2}$ c) $50^{\frac{2}{3}} : 5^{\frac{1}{3}}\ \square\ 10^{\frac{1}{3}}$ d) $26^{\frac{4}{7}} : 2^{\frac{2}{7}}\ \square\ 13^{\frac{6}{7}}$

7 Flächen und Körper

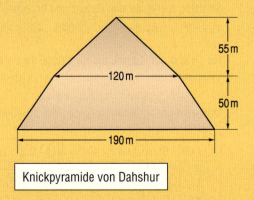

Knickpyramide von Dahshur

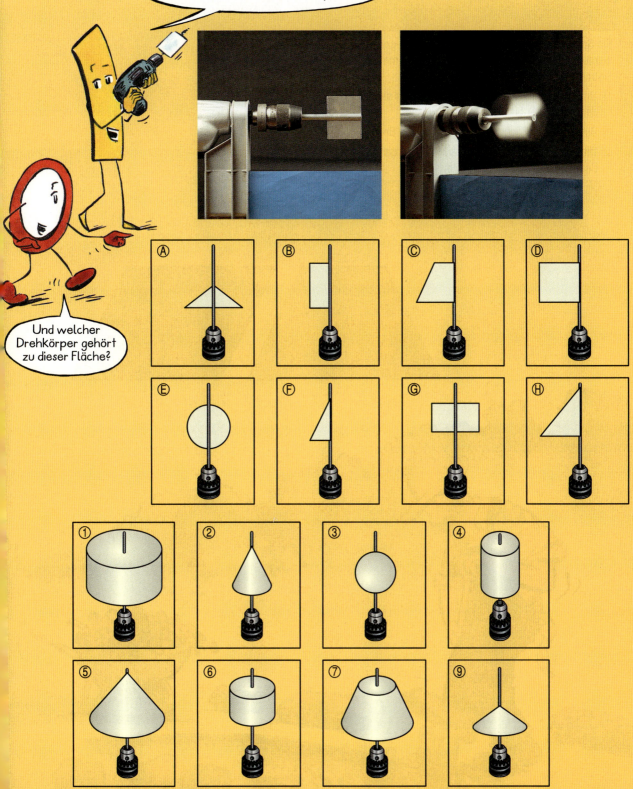

Flächen im Park

7 Flächen und Körper

Flächen im Park

Ein Schlosspark soll um einige Blumenbeete erweitert werden. Alle Beete sollen die Form einer geometrischen Figur haben.

a) Um welche geometrische Form handelt es sich bei den Flächen A_1 bis A_9?

b) Berechne den Flächeninhalt der einzelnen Beete.

c) Die Beete sollen mit Holzpalisaden eingefasst werden. Berechne für jedes Beet den Umfang.

Flächen im Park

7 Flächen und Körper

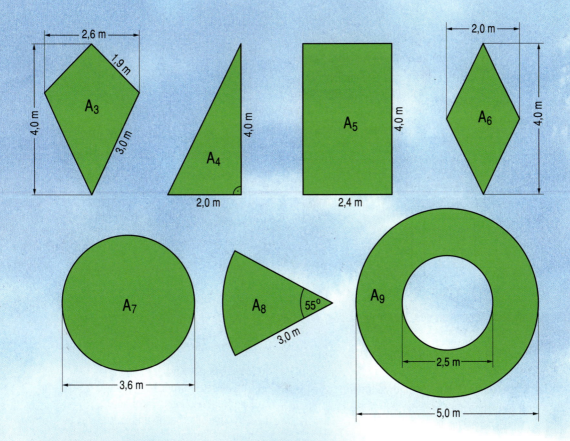

Körper

1.
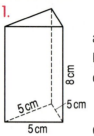

a) Wie heißt der Körper?
b) Zeichne ein Netz des Körpers.
c) Berechne Grundfläche, Mantelfläche und Oberfläche des Körpers.
d) Berechne das Volumen.

2.
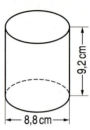

a) Wie nennt man den Körper?
b) Zeichne ein Schrägbild des Körpers.
c) Berechne die Oberfläche.
d) Berechne das Volumen.

3.
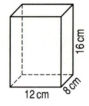

a) Zeichne ein Netz des Quaders im Maßstab 1 : 4.
b) Zeichne ein Schrägbild im Maßstab 1 : 2.
c) Berechne Oberfläche und Volumen.
d) Berechne die Länge der Raumdiagonalen des Quaders.

4.
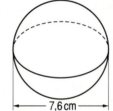

a) Wie heißt der Körper?
b) Von diesem Körper kann man kein Netz zeichnen. Begründe.
c) Berechne Oberfläche und Volumen des Körpers.

5.
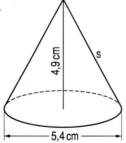

a) Wie heißt der Körper?
b) Zeichne das Schrägbild.
c) Berechne die Mantellinie s.
d) Berechne die Oberfläche.
e) Berechne das Volumen.
f) Zeichne das Netz.

6.
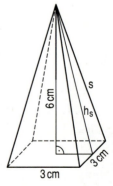

a) Benenne den Körper.
b) Zeichne das Netz und das Schrägbild.
c) Berechne die Seitenkante s sowie die Seitenhöhe h.
d) Berechne das Volumen.
e) Berechne die Mantelfläche.

Kegelstumpf

7 Flächen und Körper — 111

1. Zeichne ein Schrägbild des Kegelstumpfs mit Grundflächen-Radius $r_1 = 3$ cm, Deckflächen-Radius $r_2 = 2$ cm und der Höhe $h = 4$ cm

Grundfläche zeichnen, wie beim Kegel mit Radius r_1

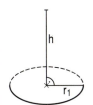
Mittelpunkt festlegen, senkrecht Höhe einzeichnen

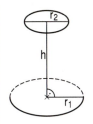
Vom Höhenende aus die Deckfläche mit Radius r_2 zeichnen

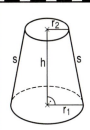
Mantellinie s zweimal einzeichnen

2. Zeichne ein Schrägbild des Kegelstumpfs mit den gegebenen Maßen.

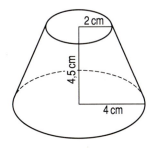

3. Baue ein Kegelstumpfmodell mit Hilfe der 3 abgebildeten Flächenteile, die das Netz eines Kegelstumpfs bilden. (Klebelaschen mit einplanen)

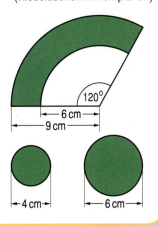

4. Berechne die fehlende Größe des Kegelstumpfes.

a)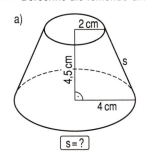
$s = ?$

b)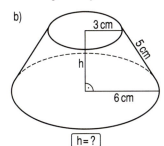
$h = ?$

c)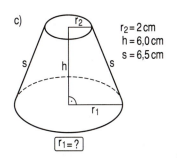
$r_2 = 2$ cm
$h = 6{,}0$ cm
$s = 6{,}5$ cm
$r_1 = ?$

Pyramidenstumpf

1. Zeichne ein Schrägbild des Pyramidenstumpfs mit Grundkante $a_1 = 6$ cm, Deckkante $a_2 = 4$ cm und der Höhe $h = 5$ cm

- Grundfläche und Höhe wie bei einer Pyramide zeichnen
- Vom Höhenende aus die Mittellinien der Deckfläche zeichnen
- Um die Endpunkte der Mittellinien die Deckfläche zeichnen (vgl. Grundfläche)
- Seitenkante s viermal einzeichnen

2. Zeichne ein Schrägbild des Pyramidenstumpfs.

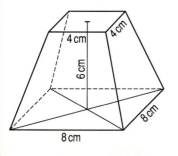

3.
a) Zeichne das Netz des Pyramidenstumpfs mit den gegebenen Maßen.

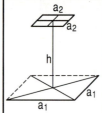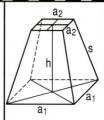

b) Zeichne notwendige Klebelaschen ein, schneide das Netz aus und klebe es zum Pyramidenstumpfmodell zusammen.

4. Berechne die gesuchte Größe des Pyramidenstumpfes.

a) 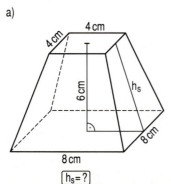 $h_s = ?$

b) 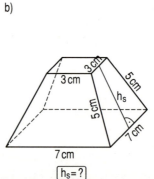 $h_s = ?$

c) 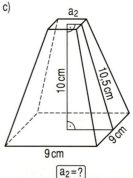 $a_2 = ?$

Volumen von Kegel- und Pyramidenstumpf

Kegelstumpf

$$V = \tfrac{1}{3}\pi h\,(r_1^2 + r_1 r_2 + r_2^2)$$

Pyramidenstumpf
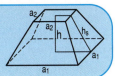
$$V = \tfrac{1}{3} h\,(a_1^2 + a_1 a_2 + a_2^2)$$

Berechne das Volumen des Kegelstumpfs.

$V = \tfrac{1}{3}\pi h\,(r_1^2 + r_1 r_2 + r_2^2)$

$V = \tfrac{1}{3}\pi\,4\,(5^2 + 5\cdot 3 + 3^2)\ \text{cm}^3$

$V = 205{,}25\ \text{cm}^3$

Berechne das Volumen des Pyramidenstumpfs.

$V = \tfrac{1}{3} h\,(a_1^2 + a_1 a_2 + a_2^2)$

$V = \tfrac{1}{3}\,6\,(7^2 + 7\cdot 5 + 5^2)\ \text{cm}^3$

$V = 218\ \text{cm}^3$

Aufgaben

1. Berechne das Volumen des Kegelstumpfes.

a) 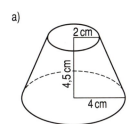 b)  c) 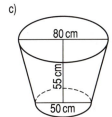 d)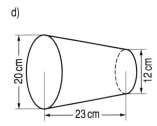

2. Berechne das Volumen des Pyramidenstumpfes.

a) 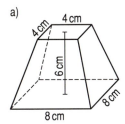 b) 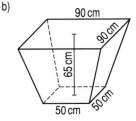 c) 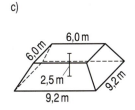 d)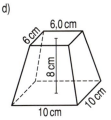

3. Ein Kegelstumpf hat die Abmessungen $r_1 = 9$ cm, $r_2 = 6$ cm und $s = 5$ cm. Berechne das Volumen des Kegelstumpfs. Bestimme dazu zunächst h mit dem Satz des Pythagoras.

Oberfläche von Kegel- und Pyramidenstumpf

Pyramidenstumpf

$O = \underbrace{a_1^2}_{\text{Grundfläche}} + \underbrace{2h_s(a_1 + a_2)}_{\text{Mantel}} + \underbrace{a_2^2}_{\text{Deckfläche}}$

$M = 2h_s(a_1 + a_2)$

Kegelstumpf

$O = \underbrace{\pi r_1^2}_{\text{Grundfläche}} + \underbrace{\pi r_2^2}_{\text{Deckfläche}} + \underbrace{\pi s(r_1 + r_2)}_{\text{Mantel}}$

$M = \pi s(r_1 + r_2)$

Berechne die Oberfläche des Pyramidenstumpfes

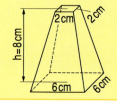 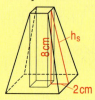

$h_s^2 = (8^2 + 2^2)\text{ cm}^2$
$h_s^2 = 68\text{ cm}^2$
$h_s = \sqrt{68}\text{ cm}$
$\underline{h_s = 8{,}25\text{ cm}}$

$O = (6^2 + 2^2 + 4 \cdot \frac{6+2}{2} \cdot 8{,}25)\text{ cm}^2$
$O = (36 + 4 + 132)\text{ cm}^2$
$\underline{\underline{O = 172\text{ cm}^2}}$

Aufgaben

1. Berechne die Oberfläche des Pyramidenstumpfes. Berechne – falls notwendig – fehlende Stücke mit dem Satz des Pythagoras.

a)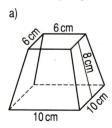
b) 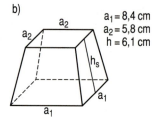 $a_1 = 8{,}4\text{ cm}$, $a_2 = 5{,}8\text{ cm}$, $h = 6{,}1\text{ cm}$
c)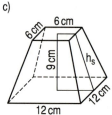
d)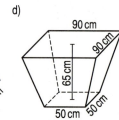

2. Berechne die Oberfläche des Kegelstumpfes. Berechne – falls notwendig – fehlende Stücke mit dem Satz des Pythagoras.

a)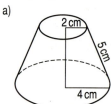
b)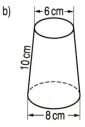
c)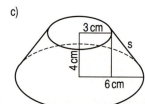
d)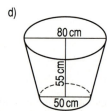

Vermischte Aufgaben

1. Berechne Volumen und Oberfläche des Stumpfkörpers. Berechne fehlende Stücke mit dem Satz des Pythagoras.

a)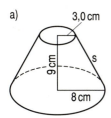
b)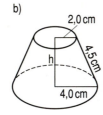
c)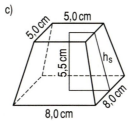
d)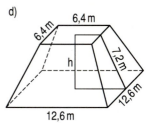

2. a) Eine quadratische Pyramide hat die Höhe h = 15 cm und die Grundkantenlänge a = 8 cm. Von der Pyramide wird in 10 cm Höhe parallel zur Grundfläche die Spitze abgeschnitten. Berechne die Deckkantenlänge a_2 des übrig gebliebenen Pyramidenstumpfs.

b) Ein Kegelstumpf mit r_1 = 7 cm, r_2 = 5 cm und h = 8 cm soll zu einem Kegel ergänzt werden. Berechne die Höhe h_1 des Gesamtkegels.

a)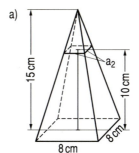
b)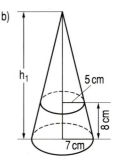

3. Wie viel Stoff benötigt man für die Bespannung eines Lampenschirms in der Form eines Kegelstumpfes mit einem oberen Durchmesser von 20 cm und einem unteren Durchmesser von 50 cm und einer Mantellinie s von 32 cm? Bedenke, dass der Lampenschirm oben und unten offen bleiben muss.

4. Die auf Veranlassung von Pharao Snofru um 2600 v.Chr. erbaute Pyramide in Dahshur hat im oberen Teil einen Knick, die Grundfläche ist quadratisch.

a) Berechne das Volumen der „Knickpyramide".
b) Berechne die Masse, 1 m³ Kalkstein wiegt 2,5 t.

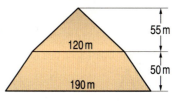

5. Berechne die Masse des Stumpfkörpers mit der angegebenen Dichte.

a)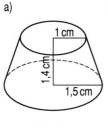
b)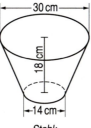
c)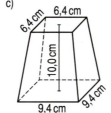
d)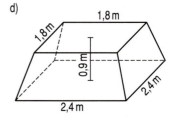

Messing: 1 cm³ wiegt 8,6 g
Stahl: 1 cm³ wiegt 7,85 g
Silber: 1 cm³ wiegt 7,85 g
Beton: 1 m³ wiegt 2,4 t

6. Eine Firma stellt Wassereimer aus Leichtmetall mit folgenden Maßen her. Die Höhe beträgt 25 cm, der obere Durchmesser 28 cm, der Durchmesser am Boden 19 cm.

a) Wie viel Liter fasst ein Wassereimer?
b) Wie viel m² Leichtmetall werden zur Herstellung von 10 000 Eimern benötigt, wenn man für Verschnitt und Überlappungen 12% hinzurechnet?

Zusammengesetzte Körper

Berechne Volumen und Oberfläche des Körpers.

$V = V_H + V_Z + V_K$

Halbkugel (H):
$V_H = \frac{2}{3} \pi \cdot 2^3 \text{ cm}^3 \approx 16{,}8 \text{ cm}^3$

Zylinder (Z):
$V_Z = \pi \cdot 2^2 \cdot 6 \text{ cm}^3 \approx 75{,}4 \text{ cm}^3$

Kegel (K):
$V_K = \frac{1}{3} \pi \cdot 2^2 \cdot 5 \text{ cm}^3 \approx 20{,}9 \text{ cm}^3$

Volumen gesamt:
$V \approx 113{,}1 \text{ cm}^3$

$s^2 = 5^2 + 2^2$
$s \approx 5{,}4 \text{ cm}$

$O = M_H + M_Z + M_K$

Mantelfläche:
$M_H = 2 \cdot \pi \cdot 2^2 \text{ cm}^2 \approx 25{,}1 \text{ cm}^2$

$M_Z = 2 \cdot \pi \cdot 2 \cdot 6 \text{ cm}^2 \approx 75{,}4 \text{ cm}^2$

$M_K = \pi \cdot 2 \cdot 5{,}4 \text{ cm}^2 \approx 33{,}9 \text{ cm}^2$

Oberfläche gesamt:
$O \approx 134{,}4 \text{ cm}^2$

Aufgaben

1. Berechne das Volumen des abgebildeten Körpers (Längen in cm).

a) 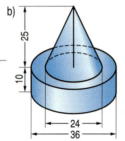   b) 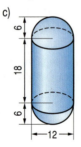   c) 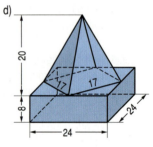   d)

2. Berechne die Oberfläche des Körpers mit den angegebenen Maßen (Längen in cm).

a) 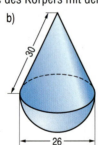   b) 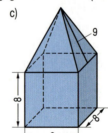   c) 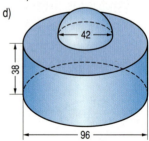   d)

3. Berechne Volumen und Oberfläche des abgebildeten Körpers. Berechne dazu notwendige Stücke mit dem Satz des Pythagoras.

a) 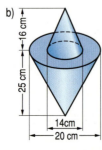   b) 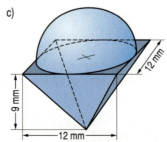   c) 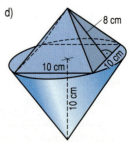   d)

Hohlkörper

Eine ausgehöhlte Halbkugel hat den Außendurchmesser 1,80 m und die Wandstärke 5 cm.
Berechne Volumen und Oberfläche.

Differenz!

$V = V_{außen} - V_{innen}$

äußere Halbkugel:
$V_a = \frac{2}{3} \pi \cdot 0{,}90^3$ m³
$\approx 1{,}53$ m³

innere Halbkugel:
$V_i = \frac{2}{3} \pi \cdot 0{,}85^3$ m³
$\approx 1{,}29$ m³

Hohlkörper:
$V = V_a - V_i$
$V \approx 0{,}24$ m³

Summe!

$O = M_{außen} + M_{innen} + A_{Ring}$

$M_a = 2 \cdot \pi \cdot 0{,}90^2$ m²
$\approx 5{,}09$ m²

$M_i = 2 \pi \cdot 0{,}85^2$ m²
$\approx 4{,}54$ m²

Ringfläche $A = \pi (0{,}90^2 - 0{,}85^2)$ m²
$\approx 0{,}27$ m²

$O = M_a + M_i + A$
$O \approx 9{,}9$ m²

Aufgaben

1. Berechne das Volumen des Hohlkörpers (alle Maße in cm).

a)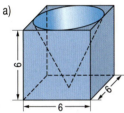
b)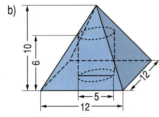
c)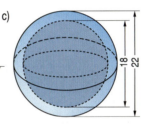
d)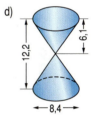

2. Berechne die Oberfläche des Hohlkörpers.

a)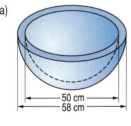
b)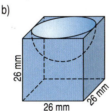
c)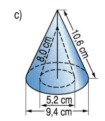
d)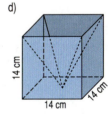

3. Berechne Volumen und Oberfläche des ausgehöhlten Körpers.

a)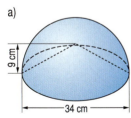
b)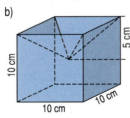
c)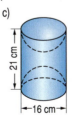
d)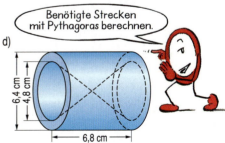

Benötigte Strecken mit Pythagoras berechnen.

4. Aus einem Würfel mit der Kantenlänge 12 cm ist der größtmögliche Kegel herausgebohrt worden. Berechne Volumen und Oberfläche des verbliebenen Restkörpers.

5. Eine Hohlkugel aus Glas hat einen äußeren Durchmesser von 7 cm und eine Wandstärke von 2 mm. Wie schwer ist die Hohlkugel? (Dichte von Glas 2,5 $\frac{g}{cm^3}$)

Testen, Üben, Vergleichen
7 Flächen und Körper

1. Berechne Volumen und Oberfläche des Körpers.

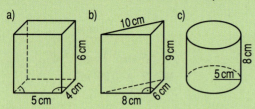

2. Berechne Volumen und Oberfläche der quadratischen Pyramide (Pythagoras!).

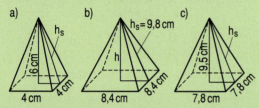

3. Berechne Volumen und Oberfläche des Kegels. (Für fehlende Größen: Pythagoras)

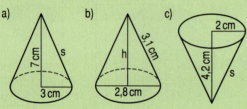

4. Berechne Volumen und Oberfläche der Kugel.
   a) r = 2 cm   b) r = 4,8 cm   c) d = 8,4 cm

5. Berechne Volumen und Oberfläche des Pyramidenstumpfes. Berechne die fehlenden Stücke mit dem Satz des Pythagoras.

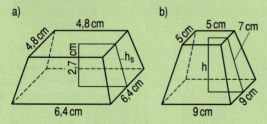

6. Berechne Volumen und Oberfläche des Kegelstumpfes. Berechne die fehlenden Stücke mit dem Satz des Pythagoras.

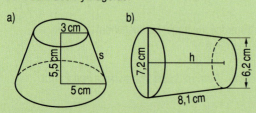

Körper

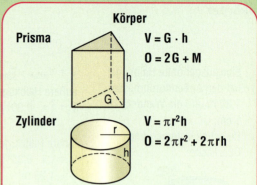

Prisma: $V = G \cdot h$, $O = 2G + M$

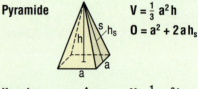

Zylinder: $V = \pi r^2 h$, $O = 2\pi r^2 + 2\pi r h$

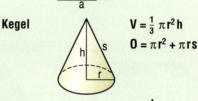

Pyramide: $V = \frac{1}{3} a^2 h$, $O = a^2 + 2 a h_s$

Kegel: $V = \frac{1}{3} \pi r^2 h$, $O = \pi r^2 + \pi r s$

Kugel: $V = \frac{4}{3} \pi r^3$, $O = 4\pi r^2$

Pyramidenstumpf

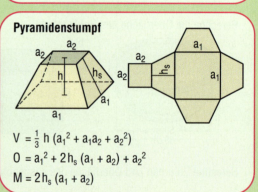

$V = \frac{1}{3} h (a_1^2 + a_1 a_2 + a_2^2)$
$O = a_1^2 + 2 h_s (a_1 + a_2) + a_2^2$
$M = 2 h_s (a_1 + a_2)$

Kegelstumpf

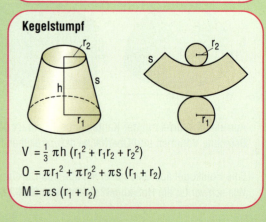

$V = \frac{1}{3} \pi h (r_1^2 + r_1 r_2 + r_2^2)$
$O = \pi r_1^2 + \pi r_2^2 + \pi s (r_1 + r_2)$
$M = \pi s (r_1 + r_2)$

Testen, Üben, Vergleichen
7 Flächen und Körper

1. Zeichne ein Schrägbild und ein Netz des Körpers mit den gegebenen Maßen.

   a)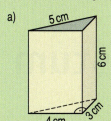
   b)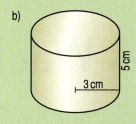
   c)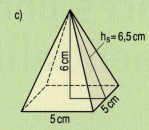
   d)

2. Berechne Volumen und Oberfläche des Stumpfkörpers. Berechne fehlende Stücke mit dem Satz des Pythagoras.

   a)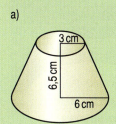
   b)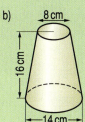
   c)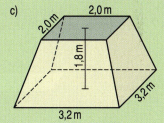
   d)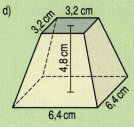

3. Berechne Oberfläche und Volumen des abgebildeten Werkstücks (alle Maße in mm).

   a)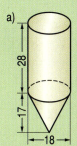
   b)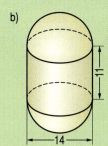
   c)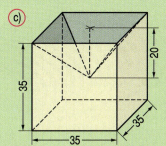
   d)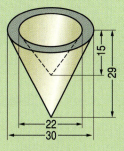

4. Berechne das Volumen und anschließend die Masse des Werkstücks aus Stahl. 1 cm^3 wiegt 8,9 g.

   a)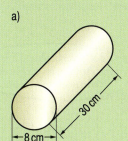
   b)
   c)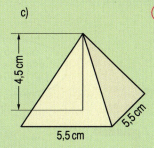
   d)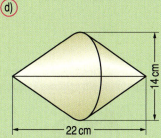

5. Für ein Kunstwerk wird ein pyramidenstumpfförmiger Marmorsockel hergestellt. Die quadratische Grundfläche hat eine Seitenlänge von 2,5 m, die Deckkante ist 1,8 m lang und die Höhe beträgt 60 cm. Berechne die Masse des Sockels, wenn 1 m^3 Marmor 2,3 t wiegt.

6. Ein Joghurtbecher hat die Form eines Kegelstumpfes mit folgenden Maßen: Füllhöhe 10,0 cm, unterer Innendurchmesser 7,0 cm, oberer Innendurchmesser in Füllhöhe 8,6 cm.
Welche Masse hat die Joghurt-Füllung, wenn 1 cm^3 Joghurt 1,04 g wiegt?

8 Lineares und exponentielles Wachstum

← 34. Reihe: ☐ Plätze

Wie viele Plätze in allen 34 Reihen zusammen?

4. Reihe: 14 Plätze
3. Reihe: 12 Plätze
2. Reihe: 10 Plätze
1. Reihe: 8 Plätze

Das Theater von Epidaurus

Auf der Zinstreppe legen Ihre Ersparnisse ein schönes Tempo vor.

6. Jahr 7,00 %
5. Jahr 6,25 %
4. Jahr 5,25 %
3. Jahr 4,50 %
2. Jahr 3,75 %
1. Jahr 3,00 %

Nach 6 Jahren könnte ich mir ein Mofa für 1 300 € kaufen!

Bei gleichbleibend 5 % von Anfang an dürfte das Mofa noch teurer sein!

8 Lineares und exponentielles Wachstum

„Im vierten Jahrhundert herrschte in Indien ein junger König, durch Schmeichler verleitet, hochmütig und grausam. Da ersann der Bramine Sessan das Schachspiel zur Belehrung, daß der König ohne Hilfe seiner sich opfernden Unterthanen verloren erscheine, sich wenigstens nicht allein zu vertheidigen vermöge. Er zeigte, wie der geringste Bauer oft das Spiel entscheide, dem König seinen Thron zu retten, sich selbst aber zum Feldherrn aufschwingen könne. – Spielend hörte der König die Lehre an, spielend ging sie ihm zu Herzen. Er sagte dem weisen Erfinder jegliche Belohnung zu, und dieser bat nur um soviel Weizen, als die Summe betrüge, wenn er auf das erste der 64 Felder seines Schachbrettes 1 Korn, auf das zweite 2, auf das dritte 4 u.s.f., immer auf das nächste Feld doppelt soviel als auf das vorausgehende legte. Der König bewilligte erstaunt die anscheinend so bescheidene Forderung. Bald aber kamen die Kornkämmerer und Schatzmeister mit der Klage, der Reichthum des ganzen Indiens, ja der ganzen Welt, würde nicht hinreichen, den Braminen zu befriedigen. Wie groß war nun diese Summe?"

Welt-Getreideernte 1997:
2 075 Mio. Tonnen

100 Reiskörner   ca. 2 g
100 Weizenkörner ca. 5 g
100 ganze Erdnüsse ca. 60 g

8 Lineares und exponentielles Wachstum

Lineares Wachstum

Der Pegel Koblenz steigt von zur Zeit 670 cm stündlich um 30 cm.

Der Pegel Koblenz fällt von zur Zeit 900 cm stündlich um 20 cm.

Eine Anfangsgröße G nimmt **linear** zu oder ab, wenn sie in gleichen Zeitspannen um den gleichen Wert d zunimmt (d > 0) oder abnimmt (d < 0). Die Größe G_n nach n Zeitspannen berechnet man so:

$$G \xrightarrow{+d} G_1 \xrightarrow{+d} G_2 \xrightarrow{+d} \blacksquare \xrightarrow{+d} \ldots \blacksquare \xrightarrow{+d} G_n \quad \text{oder} \quad G_n = G + nd$$

n-mal

$G, G_1, G_2, \ldots, G_n$ heißt hier **arithmetische** Folge.

Der Hochwasserpegel steigt von 420 cm stündlich um 15 cm.
a) Wie hoch steht er in 4 Stunden?
b) Wie lange dauert es bis 570 cm?

Lösungen
a) $420 + 4 \cdot 15 = 480$
In 4 Stunden steht er auf 480 cm.

b) $420 + n \cdot 15 = 570 \quad | -420$
$15n = 150 \quad | : 15$
$n = 10$
10 Stunden dauert es.

Aufgaben

1. Frau Ludwig hat eine Sammlung von 35 Gemälden geerbt. Sie will jährlich drei neue Bilder dazukaufen.
   a) Wie viele Bilder sind es nach 8 Jahren?   b) Nach wie viel Jahren sind es 98 Bilder?

2. Herr Franz hat 173 Gemälde geerbt. Zur Aufbesserung seiner Rente will er jährlich fünf Bilder verkaufen.
   a) Wie viele Bilder sind es nach 10 Jahren?   b) Nach wie viel Jahren sind es 48 Bilder?

3. In einer Eifelgemeinde sind nach der Flurbereinigung zwischen den Feldern noch 4,5 km Hecken. Es werden 13 Tage lang täglich 1,2 km Hecke neu angelegt. Wie viel km Hecken sind es nun insgesamt?

4. 12 km Strand eines Seebades wurden mit Öl verschmutzt. Täglich werden 800 m gereinigt.
   a) Wie viel km sind nach 7 Tagen noch voll Öl?   b) Nach wie viel Tagen sind noch 2,4 km verölt?

5. Ein Wasserbecken wird mit 4 m³ pro Stunde aufgefüllt. Nach 9 Stunden ist es mit insgesamt 50 m³ randvoll. Wie viel m³ Wasser waren zu Beginn des Auffüllens schon im Becken gewesen?

6. Ein mit Wasser vollgelaufener Keller wird mit 5,5 m³ pro Stunde leer gepumpt. Nach 8 Stunden sind noch 16 m³ Wasser im Keller. Wie viel m³ waren es zu Beginn des Pumpens?

7. Ein Stein fällt frei aus 20 m Höhe. In t Sekunden fällt er $5t^2$ Meter. Nimmt seine Höhe linear ab?

8. Geht es mit der Bergbahn linear in die Höhe? Begründe deine Antwort.

   a)
Zeit (s)	30	60	90	120	150	180	210	240
Höhe (m)	680	735	790	845	900	955	1 010	1 065

   b)
Zeit (s)	30	60	90	120	150	180	210	240
Höhe (m)	725	790	855	930	985	1 030	1 075	1 100

8 Lineares und exponentielles Wachstum

Summen bei linearem Wachstum

Karl Friedrich Gauß (1777 – 1855) war einer der größten Mathematiker. Seine Begabung zeigte sich schon früh. So wird zum Beispiel aus der Schulzeit des 9-jährigen Gauß berichtet:
Der Lehrer gab den Kindern die Aufgabe, die Zahlen von 1 bis 100 zu addieren, und glaubte, damit seien alle für längere Zeit beschäftigt. Aber kaum hatte er die Aufgabe gestellt, da legte auch schon der kleine Gauß seine Tafel mit dem Ergebnis aufs Lehrerpult. Auf der Tafel stand nur eine Zahl, berechnet im Kopf: 5 050.

Für die *Summe* linear zu- oder abnehmender Größen
$G, G_1, G_2, \ldots, G_n$ mit $G_n = G + nd$ gilt:

$$G + G_1 + G_2 + \ldots + G_n = \frac{n+1}{2}(G + G_n)$$

Berechne die Summe der Zahlen von 111 bis 999, die durch 3 teilbar sind.
Es sind die Zahlen 111, 114, …, 999 linear zunehmend mit
$G = 111$, $d = 3$, $G_n = 999 = 111 + 296 \cdot 3$ (also: $n = 296$) Summe $= \frac{297}{2}(111 + 999) = 164\,835$

Aufgaben

1. a) Berechne die Summe der Zahlen von 200 bis 400, die durch 5 teilbar sind.
   b) Berechne die Summe der Zahlen von 77 bis 350, die durch 7 teilbar sind.
   c) Berechne die Summe der ganzen Zahlen von 88 bis 222.
   d) Berechne die Summe der geraden Zahlen von 88 bis 222.

2. Walburga bereitet sich 14 Tage lang auf den Frankfurter Stadtmarathon vor. Da sie noch gut in Form ist, beginnt sie das Training am ersten Tag mit 8 km Laufstrecke und läuft dann täglich 2 km mehr.
   a) Wie viel km läuft sie am letzten Trainingstag?   b) Wie viel km ist sie in 14 Tagen insgesamt gelaufen?

3. Stell dir vor, du hättest das Schachspiel erfunden und die Idee einem König geschenkt. Als Belohnung würde der König dir versprechen: Ein Reiskorn auf das erste Spielfeld, zwei Reiskörner auf das zweite Spielfeld, drei Reiskörner auf das dritte Spielfeld, und so weiter bis zum 64-ten Spielfeld. Würde das zu einer Mahlzeit reichen? (1 Reiskorn wiegt ca. 0,2 g)

4. In einem antiken Theater sind in der ersten Reihe 72 Sitzplätze, von Reihe zu Reihe sind es immer 8 Plätze mehr. Insgesamt hat das Theater 41 Reihen.
   a) Wie viele Plätze sind in der letzten Reihe?   b) Wie viele Sitzplätze hat das Theater insgesamt?

5. a) Zylinderförmige Dosen sind wie abgebildet übereinander geschichtet.
      Wie viele Dosen sind es? Rechne und kontrolliere dann durch Zählen.
   b) Wie viele Dosen lassen sich in dieser Weise schichten, wenn man unten mit 12 Dosen beginnt?
   c) Anzahlen von Dosen, die man in dieser Weise stapeln kann (ohne Dosen übrig zu behalten), nennt man *Dreieckszahlen*. Bestimme alle Dreieckszahlen zwischen 100 und 200.

6. Und hier die Aufgabe für Schnellrechner: Wie groß ist die Summe aller Zahlen von –5 000 bis +5 000?

Exponentielles Wachstum

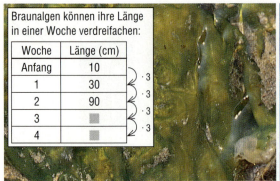

Braunalgen können ihre Länge in einer Woche verdreifachen:

Woche	Länge (cm)
Anfang	10
1	30
2	90
3	▨
4	▨

In einem See werden 100 Karpfen ausgesetzt. Ihre Zahl nimmt jährlich um 50% zu.

Jahr	Karpfen
Anfang	100
1	150
2	225
3	▨
4	▨

Eine Anfangsgröße G **wächst exponentiell**, wenn sie in gleichen Zeitspannen fortlaufend mit demselben Faktor (q > 1) multipliziert wird. Man berechnet die Größe G_n nach n Zeitspannen so:

$$G \xrightarrow{\cdot q} G_1 \xrightarrow{\cdot q} G_2 \xrightarrow{\cdot q} \blacksquare \xrightarrow{\cdot q} \ldots \blacksquare \xrightarrow{\cdot q} G_n \quad \text{oder} \quad G_n = G \cdot q^n$$

n-mal

$G, G_1, G_2, \ldots, G_n$ heißt hier **geometrische** Folge.

Zum **Wachstumsfaktor** q gehört die **Wachstumsrate** p%: $q = 1 + \frac{p}{100}$.

Frau Kuhn zahlt 350 € Miete für ihre Wohnung. Sie rechnet mit jährlich 3% Mieterhöhung. Wie hoch wird dann die Miete 4 Jahre später sein?

① Wachstumsfaktor $q = 1 + \frac{3}{100} = 1{,}03$
② Rechnung: $350 \cdot 1{,}03 \cdot 1{,}03 \cdot 1{,}03 \cdot 1{,}03 = 393{,}928\ldots$
   oder mit der Formel: $350 \cdot 1{,}03^4 = 393{,}928\ldots$
③ Antwort: Nach 4 Jahren wird die Miete 393,93 € sein.

Aufgaben

1.
Wachstumsrate p%	2%		50%		0,50%		5,8%		16,5%
Wachstumsfaktor q		1,06		1,75		1,001		1,42	

2. Familie Schmitt rechnet mit einer jährlichen Mieterhöhung von 4%. Die Miete für ihr Einfamilienhaus beträgt jetzt 750 €. Wie hoch wird die Miete in 5 Jahren sein? Ergänze die Operatorkette.

   750 € →·1,04→ 780 € → ☐ → ☐ → ☐

3. Angenommen, der Literpreis G für Benzin steigt jährlich um p%. Bestimme den Wachstumsfaktor q, dann den Literpreis nach n Jahren.

   a) G = 0,85 €   b) G = 0,8 €   c) G = 0,78 €   d) G = 0,88 €
      p% = 10%   p% = 12%   p% = 5%   p% = 7,5%
      n = 5 Jahre   n = 8 Jahre   n = 4 Jahre   n = 6 Jahre

   Wenn dein Taschenrechner die Tasten y^x oder x^y hat, kannst du auch mit der Formel rechnen!

4. Die Preise G für Pkws der Marke Forvo steigen jährlich um 2,5%. Berechne die Preise nach 3 Jahren.
   a) G = 11 000 €   b) G = 22 000 €   c) G = 15 000 €   d) G = 16 380 €

5. Eine Algensorte wird beim Wachsen täglich um 15% länger. Wie lang werden die Algen in 5 Wochen sein, wenn sie heute 10 cm lang sind?

8 Lineares und exponentielles Wachstum

Exponentielle Abnahme

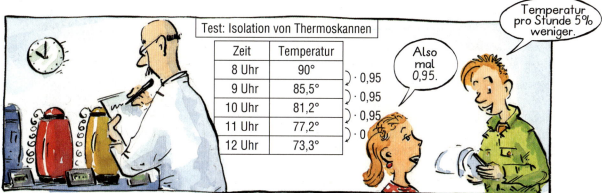

Eine Anfangsgröße G **nimmt exponentiell ab,** wenn in gleichen Zeitspannen fortlaufend mit demselben Faktor q (0 < q < 1) multipliziert wird.

$$G \xrightarrow{\cdot q} G_1 \xrightarrow{\cdot q} G_2 \xrightarrow{\cdot q} \blacksquare \xrightarrow{\cdot q} \ldots \blacksquare \xrightarrow{\cdot q} G_n \quad \text{oder} \quad G_n = G \cdot q^n$$

n-mal

Zum **Abnahmefaktor** q gehört die **Abnahmerate** p%: $q = 1 - \frac{p}{100}$.

Die Temperatur in einer Thermoskanne beträgt um 8 Uhr 90 °C. Sie nimmt stündlich um 10% ab. Berechne die Temperatur um 13 Uhr.

① Abnahmefaktor pro Stunde: $q = 1 - \frac{10}{100} = 0{,}90$; Zeitdauer: 5 h
② Rechnung: $90 \cdot 0{,}9^5 = 53{,}14\ldots$
③ Antwort: Um 13 Uhr beträgt die Temperatur 53,1 °C.

Aufgaben

1.

Abnahmerate p%	1%		50%		45,50%		99,9%		0,5%
Abnahmefaktor q	0,99	0,8		0,85		0,010		0,895	

2. In einer Tasse mit 80 °C heißem Tee wird der Tee in jeder Minute um 10% kälter.
   a) Wie hoch ist die Temperatur des Tees nach 5 Minuten? Kann man den Tee schon trinken?
   b) Nach 20 Minuten wäre theoretisch eine Temperatur von rund 10 °C erreicht. Prüfe nach. Ist das Ergebnis noch realistisch bei einer Raumtemperatur von 22 °C?

3. Der Heizkörper eines 22 °C warmen Zimmers wird um 20 Uhr abgestellt. Danach nimmt die Temperatur stündlich um 5% ab. Wie hoch ist die Zimmertemperatur nach 5 Stunden und nach 8 Stunden? Berechne die Zimmertemperatur nach 100 Stunden und nimm zu dem Ergebnis kritisch Stellung.

4. Die Temperatur in einem Heizkessel fällt stündlich um 12%. Nach 10 Stunden ist sie auf rund 20 °C gesunken. Wie hoch war die ursprüngliche Kesseltemperatur? Rechne mit dem Umkehroperator. Runde erst das Endergebnis.

5. Angenommen, die Temperatur fällt stündlich um 20%. Wie lange dauert es, bis eine Temperatur von ursprünglich 100 °C auf einen Wert von 50 °C bzw. einen Wert von 25 °C absinkt? Bestimme den Abnahmefaktor und dann durch Probieren die Zahl der Stunden.

8 Lineares und exponentielles Wachstum

Vermischte Aufgaben

1. Alle 30 Minuten verdoppelt sich die Bakterienzahl.
   a) Erkläre: Die Bakterien vermehren sich in 1 Stunde mit dem Faktor q = 4.
   b) Mit welchem Wachstumsfaktor vermehren sich die Bakterien alle 2 h (4 h, 6 h)?
   c) In welcher Zeitspanne vermehren sich die Bakterien mit einem Wachstumsfaktor von 256?

2. Eine Bakterienzahl von 1 Milliarde ist mit bloßem Auge sichtbar. Nach wie vielen Stunden kann man die Bakterien schon sehen, wenn es am Anfang nur eine Bakterie war und sich die Bakterienzahl alle 30 Minuten verdoppelt? Rechne schrittweise, bis die Anzahl 1 Mrd. überschreitet.

3. Manche Bakterien verdoppeln sich schon alle 20 Minuten. Wie groß ist der Wachstumsfaktor für 1 Stunde, wie groß für 6 Stunden?

4. Die Grafik zeigt das Anwachsen einer Zahl von Taufliegen innerhalb von 11 Tagen.
   a) Wie groß ist der Anfangswert G?
   b) Lies aus der Grafik ab, nach welcher Zeit sich die Anzahl der Fliegen ungefähr verdoppelt (vervierfacht, versechsfacht) hat.
   c) Nach 1 Tag ist die Anzahl der Fliegen auf 24 gestiegen. Bestimme damit den Wachstumsfaktor q. Berechne mit q genauere Werte für die in der Grafik dargestellten Anzahlen.

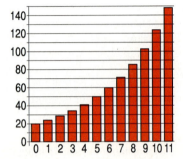

5. Die Grafik zeigt den Temperaturabfall in einem Behälter mit heißer Flüssigkeit.
   a) Lies die ungefähren Temperaturen für alle vollen Stunden von 8 Uhr bis 13 Uhr ab.
   b) Um wie viel Uhr wurden ungefähr 40 °C gemessen?
   c) Um 7 Uhr war die Temperatur 120 °C, um 8 Uhr 90 °C. Berechne damit den Abnahmefaktor und die Temperaturwerte bis 13 Uhr. Vergleiche mit den abgelesenen Werten von Aufgabe a).

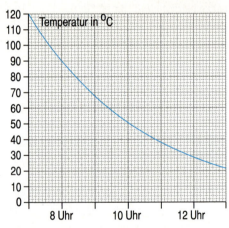

6. Bei einem gut isolierten Heizkessel beträgt der Abfall nur 10% pro Stunde. Wie lange dauerte es, bis seine Temperatur von 75 °C auf 20 °C abgefallen ist?

7. Zur Feststellung von Schilddrüsenerkrankungen wird in der Medizin radioaktives Technetium (^{99}Tc) verwendet. Der Stoff wird im Körper mit einer Zerfallsrate von 6,9% pro Minute wieder abgebaut.
   a) Um 8 Uhr werden 100 Einheiten gespritzt. Stelle eine Tabelle zum Abbau von Tc von 0 Minuten bis 12 Minuten auf.
   b) Lies aus der Tabelle ab: Nach wie vielen Minuten ist noch etwa die Hälfte der 100 Einheiten im Körper vorhanden? Diese Zeit, die vergeht, bis nur noch die Hälfte eines radioaktiven Stoffes vorhanden ist, nennt man *Halbwertszeit*.

8. Bei einer Knochen-Untersuchung mit radioaktivem Tc wird eine Menge von 700 Einheiten verabreicht.
   a) Welche Menge radioaktives Tc ist nach 20 Minuten noch messbar (Zerfallsrate aus Aufgabe 7)? Wie viel Prozent sind das von der ursprünglichen Menge?
   b) Welche Menge ist nach 1 Stunde noch im Körper vorhanden? Wie viel Prozent sind das?

Bevölkerungswachstum

8 Lineares und exponentielles Wachstum

Bevölkerungswachstum

HANNOVER, *den 28. Oktober 1998*. Das Wachstum der Weltbevölkerung verlangsamt sich. Diese Entwicklung unterstreichen auch die neuesten Zahlen der Vereinten Nationen, die der Deutschen Stiftung Weltbevölkerung (DSW) bereits heute vorliegen. Lag die Wachstumsrate in den ersten fünf Jahren dieses Jahrzehnts noch bei 1,46 Prozent pro Jahr, so beträgt sie im Zeitraum von 1995 bis zur Jahrtausendwende nur noch 1,33 Prozent pro Jahr.

1. 1990 betrug die Weltbevölkerung 5,3 Mrd. Einwohner. Berechne die Weltbevölkerung nach den Angaben der DSW für 1991 – 1995 und stelle sie in einer Tabelle dar.

2. Für die Jahre 1995 – 2000 wurde die Wachstumsrate geringer geschätzt. Berechne die erwarteten Bevölkerungszahlen von 1996 – 2000.

Bevölkerungsstatistik ausgewählter Staaten

Jahr	Deutschland	Mexiko	Vietnam
1960	72 764	36 371	34 743
1965	75 647	42 864	38 341
1970	77 709	50 328	42 729
1975	78 697	58 876	48 030
1980	78 275	67 046	53 711
1985	77 619	75 594	59 898
1990	79 479	84 486	66 688
1995	81 376	91 290	73 811

3. a) Lies aus der Grafik ab: Wann hat sich die Bevölkerung von Nigeria von 1960 (42 Mio. Einw.) an verdoppelt (verdreifacht)?

   b) Nigeria hatte 1995 130 Mio. Einwohner. Die Zahl steigt nach neuen Prognosen jährlich um 3% an. Berechne die Einwohnerzahl von 2000, 2005, 2010, ... 2040. Stelle eine Tabelle dazu auf.

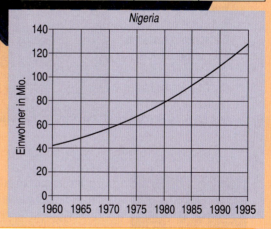

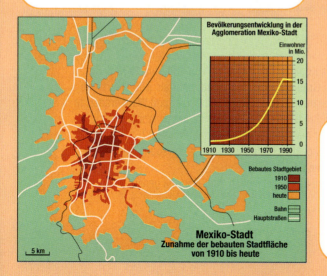

4. Mexico-City hatte 1910 rd. 1 Mio. Einwohner. Alle 20 Jahre verdoppelte sich die Einwohnerzahl.

   a) Wie viele Einwohner hatte Mexico-City 1930, 1950, 1970 und 1990?

   b) Seit 1990 steigt die Einwohnerzahl nicht mehr so rasant. Welche Gründe können dazu geführt haben?

Altersbestimmung mit der C14-Methode

8 Lineares und exponentielles Wachstum

Altersbestimmung mit der C14-Methode

> Die Radiocarbon-Methode oder C14-Methode:
> Jeder lebende Organismus wie Mensch oder Pflanze enthält radioaktive Kohlenstoffatome (C14), die er aus der Atmosphäre bzw. über die Nahrungskette aufnimmt. Nach dem Tod wird kein C14 mehr aufgenommen. Der Anteil C14 halbiert sich dann innerhalb von 5730 Jahren (Halbwertszeit).

1. 1940 entdeckte man in Lascaux (Frankreich) Höhlen mit Bildern von Wildpferden, Urrindern, Wisenten und Menschen. Die C14-Atome im dort gefundenen verkohlten Holz hatten noch eine Aktivität von ca. 13%.
   a) Mit der Halbwertszeit von ca. 6000 Jahren kannst du grob abschätzen, nach wie vielen Jahren die C14-Aktivität des gefundenen Holzes nur noch ungefähr 13% beträgt.
   b) Aus der Halbwertszeit von 5730 Jahren kannst du den Abnahmefaktor q pro Jahr berechnen. Erkläre und berechne q (5 Stellen nach dem Komma) mit: $q^{5730} = (\frac{1}{2})$.
   c) Berechne, wie lange das Holz schon „tot" ist.
   d) Die C14-Aktivität kann nie ganz genau bestimmt werden. Welches Alter der Höhlenmalereien von Lascaux ergibt sich mit einer Restradioaktivität von 12,5% bzw. von 13,5% im gefundenen Holz?

2. Wann lebte „Ötzi"?
   In den Ötztaler Alpen wurde 1992 die Leiche von „Ötzi" gefunden. Gletschereis hatte ihn über tausende von Jahren konserviert. Die C14-Atome hatten noch eine Aktivität von ca. 57% (± 0,5%).

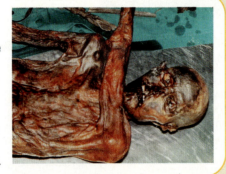

3. Tutanchamun regierte als König in Ägypten etwa von 1347 bis 1339 v. Chr. Im Jahr 1922 wurde sein Grab entdeckt. Man fand mehr als 5000 wertvolle Grabbeigaben: Goldene Statuen, Vasen, wertvolle Gläser und Wagenräder. In einem vergoldeten Holzschrein fand man die Mumie des Tutanchamun. Welches „Material" war für die Altersbestimmung interessant?
Enthielt das gefundene radioaktive Material bei der Ausgrabung noch mehr als 50% des ursprünglichen C14-Anteils?
Berechne den Prozentanteil auf 1 Stelle nach dem Komma genau.

Kapitalwachstum über mehrere Jahre

Zeit	Endkapital K_n
Kapital am Anfang	5 000,00
Kapital nach 1. Jahr	5 300,00
Kapital nach 2. Jahr	5 618,00
Kapital nach 3. Jahr	5 955,08
Kapital nach 4. Jahr	6 312,38
Kapital nach 5. Jahr	

Jeder Schritt: · 1,06

$q^n = \underbrace{q \cdot q \cdots q}_{n\text{-mal}}$

Wenn die Zinsen mit dem Kapital mit p% weiterverzinst werden, wächst das Kapital in jedem Jahr mit dem gleichen Wachstumsfaktor (Zinsfaktor) q. Ein solches Wachstum heißt **exponentielles Wachstum.** K ist das Anfangskapital, K_n das Endkapital nach n Jahren.

$q = 1 + \frac{p}{100}$ $K \xrightarrow{\cdot q} K_1 \xrightarrow{\cdot q} K_2 \cdot \ldots \xrightarrow{\cdot q} K_n$ oder $K_n = K \cdot q^n$

Auf wie viel € wächst ein Kapital K von 6 000 € in 4 Jahren, angelegt zu einem Zinssatz von 5%?

① Bestimmen des Wachstumsfaktors: $q = 1 + \frac{5}{100} = 1 + 0{,}05 = \mathbf{1{,}05}$

② Berechnen des Endkapitals: $6\,000 \xrightarrow{\cdot 1,05} \blacksquare \xrightarrow{\cdot 1,05} \blacksquare \xrightarrow{\cdot 1,05} \blacksquare \xrightarrow{\cdot 1,05} 7\,293{,}037\ldots$

oder $6\,000 \cdot 1{,}05^4 = 7\,293{,}037\ldots$

③ Antwort: Nach 4 Jahren beträgt das Endkapital 7 293,04 €.

Aufgaben

1. Bestimme den zugehörigen Wachstumsfaktor (Zinsfaktor).
   a) 3%   b) 7%   c) 5%   d) 8%   e) 12%   f) 17%   g) 11%   h) 25%
   i) 30% j) 20% k) 40% l) 10% m) 4,5% n) 3,7% o) 8,6% p) 13,5%

2. Bestimme zum Wachstumsfaktor (Zinsfaktor) den zugehörigen Zinssatz.
   a) 1,06   b) 1,09   c) 1,02   d) 1,68   e) 1,14   f) 1,27   g) 1,8   h) 1,2
   i) 1,055 j) 1,082 k) 1,165 l) 1,114 m) 1,043 n) 1,106 o) 1,75 p) 1,033

3. Ein Anfangskapital wächst bei einem Zinssatz von 4% über 6 Jahre:

   $2\,500\,€ \xrightarrow{\cdot\blacksquare} \square \xrightarrow{\cdot\blacksquare} \square \xrightarrow{\cdot\blacksquare} \square \xrightarrow{\cdot\blacksquare} \square \xrightarrow{\cdot\blacksquare} \square \xrightarrow{\cdot\blacksquare} \square$

   Übertrage die Darstellung ins Heft und ergänze den Wachstumsfaktor und dann alle €-Werte.

4. Bestimme erst den Wachstumsfaktor und berechne damit das Endkapital K_n.
   a) K = 4 000 €   b) K = 2 000 €   c) K = 10 000 €   d) K = 5 000 €   e) K = 500 €
      p% = 3%   p% = 3,5%   p% = 4,5%   p% = 7,5%   p% = 2,5%
      n = 3 Jahre   n = 5 Jahre   n = 6 Jahre   n = 8 Jahre   n = 10 Jahre

8 Lineares und exponentielles Wachstum

5. Die angefangene Tabelle zeigt, wie ein Anfangskapital von 1 000 €
bei einer Verzinsung von 5% wächst.

a) Übertrage die Tabelle und ergänze sie bis zum 6. Jahr.

b) Berechne die Summe aller Zinsen, die sich am Ende des 1., 2., …,
6. Jahr ergeben, aber nicht ausgezahlt wurden.

Kapital nach … Jahren	K	Zinsen
Anfangskapital	1 000	–
nach 1. Jahr	1 050	50,00
nach 2. Jahr	1 102,50	

6. Herr Werner hat für seinen Enkel Uwe bei der Geburt einen Sparvertrag abgeschlossen. Das Anfangskapital beträgt 2 500 €. Der Zinssatz liegt bei 4,5%.

a) Über welches Kapital kann Uwe verfügen, wenn der Vertrag nach 14 Jahren gekündigt wird und bis dahin nichts abgehoben wurde?

b) Wie viel Zinsen haben sich dabei insgesamt angesammelt?

c) Wie hoch wäre das Endkapital bei einem Zinssatz von 4%?

7. Die Grafik zeigt, wie ein Anfangskapital von 1 000 € bei einem Zinssatz von 10% mit den Zinsen wächst.

a) Wie hoch ist das Endkapital nach 14 Jahren (ungefähr)?

b) Berechne die Werte $K_1, K_2, ... K_{14}$. Vergleiche sie mit der Grafik.

c) Nach wie vielen Jahren hat sich das Kapital K verdoppelt?

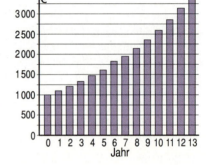

8. Fertige eine Tabelle und eine Grafik an für folgenden Sparvertrag:
Anfangskapital: 2 000 €, Zinssatz 11% über 14 Jahre.
Nach wie vielen Jahren hat sich das Anfangskapital verdoppelt,
nach wie vielen Jahren hat es sich vervierfacht?

9. Anne und Bert haben jeweils 5 000 € gewonnen und schließen einen Sparvertrag mit einer Verzinsung von 6% und einer Laufzeit von 6 Jahren ab.

a) Anne lässt sich die Zinsen am Ende jeden Jahres auszahlen. Wie viel Zinsen sind das nach 6 Jahren?

b) Bert lässt die Zinsen auf dem Konto. Wie groß ist sein Kapital nach 6 Jahren? Wie viel Zinsen haben sich in dieser Zeit angesammelt?

c) Begründe die unterschiedliche Höhe der Zinsen von Anne und Bert.

10. Berechne durch fortlaufendes Multiplizieren mit dem Wachstumsfaktor, nach welchem Jahr das Kapital K_n doppelt so hoch ist wie das Anfangskapital K.

a) K = 100 €, p% = 3%   b) K = 400 €, p% = 4%   c) K = 200 €, p% = 5%   d) K = 2 000 €, p% = 5,5%

11. Wie lange braucht ein Kapital von 2 500 €, bis es bei einem Zinssatz von 4% zu einem Endkapital von 3 000 € angewachsen ist? Probiere durch fortgesetztes Multiplizieren mit dem Wachstumsfaktor 1,04.

Zähle, wie oft du mit dem Faktor multipliziert hast.

12. In wie vielen Jahren wächst das Kapital K auf das Endkapital K_n = 2 800 €? Löse durch Probieren.

a) K = 2 000 €, p% = 3%   b) K = 800 €, p% = 4%   c) K = 1 000 €, p% = 6%   d) K = 500 €, p% = 5%

13. Nach 2 Jahren ist ein Kapital K bei einem Zinssatz von 4% auf 2 163,20 € angewachsen. Wie hoch war das Anfangskapital? Rechne mit dem Umkehroperator.

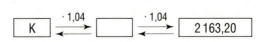

14. Bestimme das Anfangskapital K.

a) K_4 = 541,22 €, p% = 2%   b) K_5 = 851,66 €, p% = 4%   c) K_7 = 500 000 €, p% = 7,5%

8 Lineares und exponentielles Wachstum

Berechnung des Zinssatzes

Ein Anfangskapital von 3 000 € ist in 4 Jahren einschließlich Zinsen und Zinseszinsen auf 3 577,56 € angewachsen. Wie hoch war der jährliche Zinssatz?

gegeben: K = 3 000 €, n = 4, K_4 = 3 577,56 €
gesucht: jährlicher Wachstumsfaktor q und Jahreszinssatz p%

Formel: $K_n = K \cdot q^n$ | : K

$\frac{K_n}{K} = q^n$ | $\sqrt[n]{\ }$

$\sqrt[n]{\frac{K_n}{K}} = q$

$q = \sqrt[4]{\frac{3\,577,56}{3\,000}} = 1{,}0450\ldots$

Der Jahreszinssatz betrug 4,5%.

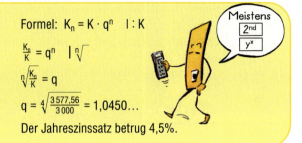

Aufgaben

1. Ein Betrag von 5 000 € ist nach 8 Jahren einschließlich Zins und Zinseszins auf 6 333,85 € angewachsen.
 a) Bestimme den Wachstumsfaktor.
 b) Wie hoch ist der Jahreszinssatz?

2. Bestimme zuerst den Wachstumsfaktor, dann den Zinssatz.

	a)	b)	c)	d)	e)
Anfangskapital K	5 000 €	1 500 €	2 500 €	3 050 €	12 500 €
Endkapital K_n	5 955 €	1 869 €	4 998 €	6 000 €	25 763 €
Anzahl Jahre n	3	5	9	10	10

3. Zum 16. Geburtstag holt Jan alles Geld von seinem Konto ab. Es sind 1 608,11 €. Vor 6 Jahren hatte seine Mutter 1 200 € für ihn eingezahlt. Seitdem gab es keine Einzahlungen.
 a) Wie viel Zinsen hat das Kapital erbracht? Wie viel Prozent des eingezahlten Geldes ist das?
 b) Wie hoch war der jährliche gleichbleibende Zinssatz?
 c) Warum ist das 6fache des Ergebnisses von b) nicht gleich dem Ergebnis von a)?

4. a) Welchen Jahreszinssatz erhält man bei der Bank?
 b) Wie viel müsste man anlegen, um 4 000 € nach 6 Jahren zu erhalten?
 c) Auf welchen Betrag würden bei unveränderten Bedingungen 1 000 € nach 12 Jahren anwachsen?

5. Maria hat für 500 € Bundesschatzbriefe gekauft.
 a) Wie viel erhält sie nach 6 Jahren ausgezahlt?
 b) Welcher gleich bleibende Jahreszinssatz würde nach 6 Jahren für Marias Geld den gleichen Endbetrag ergeben?
 c) Vergleiche den in b) berechneten gleich bleibenden Zinssatz mit dem Mittelwert der 6 angegebenen Jahreszinsen. Was stellst du fest?

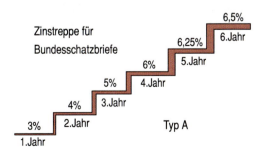

6. Berechne den Wachstumsfaktor q und den Zinssatz p%. Das Anfangskapital ist immer K = 1 000 €.
 a) K_4 = 1 300 €   b) K_6 = 1 300 €   c) K_8 = 1 500 €   d) K_6 = 1 500 €

Regelmäßige Einzahlungen

Wird eine feste Rate R zu jedem Jahresanfang eingezahlt und das Geld mit p% verzinst, berechnet man das Endkapital K_n nach n Jahren in n Schritten oder mit der Formel $K_n = R \cdot q \cdot \frac{q^n - 1}{q - 1}$.

R = 500 €, p% = 6%, berechne das Endkapital nach 7 Jahren.

$K_7 = 500 \cdot 1{,}06 \cdot \frac{1{,}06^7 - 1}{1{,}06 - 1} = 4\,448{,}733\ldots$

Das Endkapital K_7 beträgt 4 448,73 €.

Aufgaben

1. Berechne schrittweise und auch mit der Formel das Endkapital K_n nach n Jahren. Die Raten werden immer zu Jahresbeginn eingezahlt.

		a)	b)	c)	d)	e)
Rate	R	1 000 €	750 €	5 400 €	1 350 €	1 250 €
Zinssatz	p%	6%	$4\frac{1}{2}$%	3,25%	4,75%	$4\frac{1}{3}$%
Laufzeit	n Jahre	3	4	5	6	10

2. Die Eltern von Marga schenken ihr zum 16. Geburtstag einen Sparvertrag. Zu Margas 10. bis 15. Geburtstag haben sie jeweils 200 € eingezahlt. Der Zinssatz betrug 7%. Wie viel Euro sind es jetzt?

3. Nach 10 Jahren möchte Johannes über mindestens 10 000 € verfügen. Johannes überlegt, wie hoch die regelmäßige Rate zum Jahresbeginn sein muss, wenn der Zinssatz 10% beträgt.

   a) Schätze, welche Rate infrage kommt.   b) Berechne die jährliche Rate mit der Formel für K_n.

4. Berechne die Werte für K_n und vergleiche sie.

   a) R = 100 €,   p% = 8%,   Laufzeit n = 5 Jahre und n = 10 Jahre
   b) R = 500 €,   n = 7 Jahre,   Zinssatz p% = 3% und p% = 6%
   c) n = 10 Jahre,   p% = $4\frac{1}{2}$%,   Rate R = 250 € und R = 500 €

5. Uwe (geb. 1980) hat Silvester 1998 mit dem Rauchen aufgehört. Seit dem 1. 1. 1999 steckt er täglich 8 DM (außer in Schaltjahren am 29. 2.) in eine Sparbüchse. Seit dem 1. 1. 2000 bringt er den im Jahr zuvor gesparten Betrag zur Bank ($5\frac{1}{2}$% Jahreszinssatz). Die DM-Euro-Umstellung (1 € = 1,95583 DM) wird berücksichtigt. Am 31. 12. 2030 ist Uwe 50 Jahre alt und hoffentlich bei bester Gesundheit. Wie viel Euro hat er dann auf seinem „Raucherkonto"?

8 Lineares und exponentielles Wachstum

Regelmäßige Auszahlungen

Ein Kapital von 60 000 € ist auf dem Konto, der Zinssatz beträgt 5%. Zu Beginn jeden Jahres werden 6 Jahre lang 10 000 € abgehoben.

Ist ein Kapital K vorhanden und wird bei einem Zinssatz von p% zu Beginn jeden Jahres die feste Rate R abgehoben, berechnet man das Endkapital K_n nach n Jahren in n Schritten oder mit der Formel

$$K_n = K \cdot q^n - R \cdot q \cdot \frac{q^n - 1}{q - 1}$$

K = 30 000 €, R = 2 000 €, p% = 7%, berechne das Restkapital nach 10 Jahren.

$K_{10} = 30\,000 \cdot 1{,}07^{10} - 2\,000 \cdot 1{,}07 \cdot \frac{1{,}07^{10}-1}{1{,}07-1} = 29\,447{,}342\ldots$

Das Restkapital nach 10 Jahren K_{10} beträgt 29 447,34 €.

Aufgaben

1. Herr Winter hat 20 000 € bei einer Bank, die ihm 4% Jahreszinsen zahlt. Er möchte 3 Jahre lang jeweils zu Jahresbeginn 5 000 € ausgezahlt bekommen. Welches Restkapital verbleibt dann? Rechne schrittweise mit einer Tabelle und auch mit der Formel. Vergleiche.

2. Berechne mit der Formel das Restkapital nach 7 Jahren.

   a) Kapital: 10 000 €   Jahreszinssatz: 5%   Jährliche Auszahlung: 1 500 € zu Jahresbeginn
   b) Kapital: 25 000 €   Jahreszinssatz: $6\frac{1}{2}$%   Jährliche Auszahlung: 4 000 € zu Jahresbeginn
   c) Kapital: 50 000 €   Jahreszinssatz: 4,5%   Jährliche Auszahlung: 2 000 € zu Jahresbeginn

3. Frau May hat vor vielen Jahren eine Versicherung abgeschlossen. Jetzt hat sie 100 000 € zur Verfügung, die mit 5,5% verzinst werden. Jährlich will sie zu Jahresbeginn 15 000 € davon auszahlen lassen. Wie viele Jahre geht das? Welcher Betrag wird im letzten Jahr ausgezahlt? Arbeite mit einer Tabelle.

4. Herr Martin hat 50 000 € angespart. Welche Rate kann er davon jedes Jahr zu Jahresbeginn auszahlen lassen? Stelle eine Gleichung auf und löse sie.

   a) p% = 4%   b) p% = 8%   c) p% = 4%   d) p% = 5%
   n = 10   n = 10   n = 20   n = 15

   K = 50 000 €; p% = 4%;
   n = 10 (Jahre):
   $K \cdot q^n - R \cdot q \cdot \frac{q^n - 1}{q - 1} = 0$
   $50\,000 \cdot 1{,}04^{10} = R \cdot 1{,}04 \cdot \frac{1{,}04^{10} - 1}{0{,}04}$
   also R = …

5. Herr Bauer hat 1 Mio. € auf seinem Konto. Jährlich nimmt er davon zu Jahresbeginn 50 000 €. Unter welchen Bedingungen gilt dann die Aussage?

   a) Auch nach 100 Jahren sind noch 1 Mio. € auf dem Konto.   b) Jährlich wächst der Kontostand um 1% an.

Private Rentenvorsorge

8 Lineares und exponentielles Wachstum

Private Rentenvorsorge

Angebot für Frau Blum

Beginn:	30. Lebensjahr
Einzahlung:	4 700 € pro Jahr
Rente ab:	60. Lebensjahr
Rente bis:	90. Lebensjahr
Rentenhöhe:	20 000 € pro Jahr
Zinssatz:	5%

1. Prüfe mit dem Taschenrechner, wie in der Tabelle gerechnet wird
   a) für die Jahre 1 – 3   b) für die Jahre 31 – 33

2. Frau Blum will jeweils zu Beginn jeden Jahres 20 000 € beziehen. Berechne das dazu nötige Kapital K aus der Gleichung
$$0 = K \cdot q^n - R \cdot q \cdot \frac{q^n - 1}{q - 1}$$
und vergleiche mit dem Wert in der Tabelle.

3. Mit welcher Rate R zu Jahresbeginn spart man dieses Kapital in 30 Jahren? Rechne mit der Formel
$$K_n = R \cdot q \cdot \frac{q^n - 1}{q - 1}$$
und vergleiche mit dem Wert im Angebot.

4.

5. Schreibe Frau Blum ein Angebot, bei dem sie 40 Jahre Rente bekommt.

Vertrags-jahr	Alter (Jahre)	Kontostand (€) Jahresbeginn	Jahresende
1	30	4.700,00	4.935,00
2	31	9.635,00	10.116,75
3	32	14.816,75	15.557,59
4	33	20.257,59	21.270,47
5	34	25.970,47	27.268,99
6	35	31.968,99	33.567,44
7	36	38.267,44	40.180,81
8	37	44.880,81	47.124,85
9	38	51.824,85	54.416,09
10	39	59.116,09	62.071,90
11	40	66.771,90	70.110,49
12	41	74.810,49	78.551,02
13	42	83.251,02	87.413,57
14	43	92.113,57	96.719,25
15	44	101.419,25	106.490,21
16	45	111.190,21	116.749,72
17	46	121.449,72	127.522,21
18	47	132.222,21	138.833,32
19	48	143.533,32	150.709,98
20	49	155.409,98	163.180,48
21	50	167.880,48	176.274,51
22	51	180.974,51	190.023,23
23	52	194.723,23	204.459,39
24	53	209.159,39	219.617,36
25	54	224.317,36	235.533,23
26	55	240.233,23	252.244,89
27	56	256.944,89	269.792,14
28	57	274.492,14	288.216,75
29	58	292.916,75	307.562,58
30	59	312.262,58	327.875,71
31	60	307.875,71	323.269,50
32	61	303.269,50	318.432,97
33	62	298.432,97	313.354,62
34	63	293.354,62	308.022,35
35	64	288.022,35	302.423,47
36	65	282.423,47	296.544,64
37	66	276.544,64	290.371,88
38	67	270.371,88	283.890,47
39	68	263.890,47	277.084,99
40	69	257.084,99	269.939,24
41	70	249.939,24	262.436,21
42	71	242.436,21	254.558,02
43	72	234.558,02	246.285,92
44	73	226.285,92	237.600,21
45	74	217.600,21	228.480,22
46	75	208.480,22	218.904,23
47	76	198.904,23	208.849,45
48	77	188.849,45	198.291,92
49	78	178.291,92	187.206,51
50	79	167.206,51	175.566,84
51	80	155.566,84	163.345,18
52	81	143.345,18	150.512,44
53	82	130.512,44	137.038,06
54	83	117.038,06	122.889,97
55	84	102.889,97	108.034,46
56	85	88.034,46	92.436,19
57	86	72.436,19	76.058,00
58	87	56.058,00	58.860,90
59	88	38.860,90	40.803,94
60	89	20.803,94	21.844,14
61	90	1.844,14	1.936,34

Exponentialfunktion

Funktionen mit Gleichungen der Form
y = q^x, q > 0 und q ≠ 1 heißen
Exponentialfunktionen zur Basis q.
Für q > 1 ist der Graph steigend,
für q < 1 fallend.

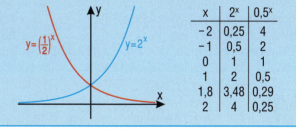

x	2^x	$0,5^x$
-2	0,25	4
-1	0,5	2
0	1	1
1	2	0,5
1,8	3,48	0,29
2	4	0,25

Aufgaben

1. a) Übertrage die Wertetabelle ins Heft. Ergänze die Funktionswerte.

b) Zeichne ein Koordinatensystem und trage die Punkte für die drei Funktionen ein. Verbinde die Punkte, die zu den jeweiligen Funktionen gehören, durch eine „glatte" Kurve.

c) Lies von deinen Kurven die ungefähren Werte ab. Kontrolliere sie mit dem Taschenrechner.
$2^{2,1}$, $2^{-0,8}$, $1,5^{1,7}$, $1,5^{-2,1}$, $0,5^{(\frac{3}{2})}$, $0,5^{(-\frac{5}{4})}$

d) Lies von den Kurven die ungefähren Lösungen ab.
$2^x = 3$, $1,5^x = 3$, $1,5^x = 0,5$, $0,5^x = 3$, $0,5^x = \frac{1}{8}$

x	$y_1 = 2^x$	$y_2 = 1,5^x$	$y_3 = 0,5^x$
-3	0,125		
-2,5			
-2			
-1			
0			
1			
1,33			
2			
2,5			
3			

2. Welche Kurve (rot/schwarz) gehört zu welcher Funktion?
① $y = (\frac{2}{5})^x$ ② $y = (\frac{5}{2})^x$

3. Lies von der passenden Kurve den ungefähren Wert ab. Kontrolliere mit dem Taschenrechner.

a) $0,4^{1,7}$ b) $0,4^{-2,1}$ c) $2,5^{0,6}$ d) $2,5^{-1,3}$

4. Lies von der passenden Kurve die ungefähre Lösung ab. Kontrolliere mit dem Taschenrechner, ob sie zu groß oder zu klein ist.

a) $0,4^x = 3$ b) $0,4^x = 0,5$ c) $2,5^x = 3$ d) $2,5^x = \frac{1}{8}$

5. Richtig oder falsch? Begründe deine Antwort.
a) $1,2^x$ ist für alle x-Werte größer als Null.
b) Es gibt keine x-Werte, für die gilt: $1,2^x > 1$ Mio.
c) Es gibt x-Werte, für die gilt: $0,9^x > 10$.
d) Für kein positives x gilt: $0,9^x > 0,9$
e) Die Punkte (0|1) und (1|q) liegen auf allen Graphen von Exponentialfunktionen $y = q^x$.

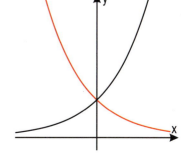

Logarithmen

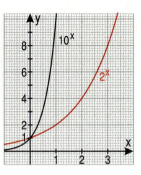

Logarithmen sind Exponenten (Hochzahlen).
Wenn gilt $y = q^x$ dann ist $\mathbf{x = \log_q (y)}$
„Logarithmus von y zur Basis q" ($y > 0$, $q > 0$ und $q \neq 1$)

Zehnerlogarithmen:
Basis $q = 10$
Schreibweise: log statt $\log_{10}$

$\log_2 (16) = 4$	$\log_2 (1\,024) = 10$	$\log_{10} (1\,000) = 3$	$\log (123) \approx 2{,}09$
weil $16 = 2^4$	weil $1\,024 = 2^{10}$	weil $1\,000 = 10^3$	weil $123 \approx 10^{2{,}09}$

Aufgaben

1. Bestimme ohne Taschenrechner den Exponenten x.

a) $2^x = 32$
   $2^x = 128$

b) $3^x = 81$
   $3^x = 243$

c) $10^x = 100$
   $10^x = 100\,000$

d) $2^x = \frac{1}{8}$
   $2^x = \frac{1}{64}$

e) $10^x = 0{,}001$
   $10^x = 0{,}00001$

2. Bestimme den Logarithmus zur Basis 2 bzw. zur Basis 3.

a) $\log_2 (64)$
   $\log_3 (27)$

b) $\log_2 (512)$
   $\log_3 (729)$

c) $\log_2 (2\,048)$
   $\log_3 (2\,187)$

d) $\log_2 (\frac{1}{4})$
   $\log_3 (\frac{1}{81})$

e) $\log_2 (0{,}125)$
   $\log_3 (1 : 27)$

3. Bestimme den Zehnerlogarithmus.

a) $\log (100)$ b) $\log (1\text{ Mio.})$ c) $\log (1\text{ Mrd.})$ d) $\log (0{,}0001)$ e) $\log (0{,}000001)$

4. Lies den Wert ab vom Graphen für $y = \log (x)$. Kontrolliere mit der ⎡log⎤-Taste des Taschenrechners. Runde auf 2 Stellen nach dem Komma.

a) $\log (2)$ b) $\log (4)$ c) $\log (6)$ d) $\log (8)$
   $\log (3)$ $\log (5)$ $\log (7)$ $\log (9)$

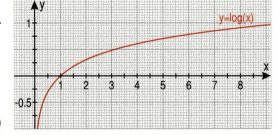

5. a) $\log (30)$ b) $\log (400)$ c) $\log (123)$
       $\log (300)$ $\log (4\,000)$ $\log (1\,230)$

6. Übertrage in dein Heft. Ergänze die fehlenden Werte. (2 Stellen nach dem Komma)

	a)	b)	c)	d)	e)	f)	g)
x	1,52	0,75	2,34				0,5
10^x				25,1	6,59	0,16	

Testen, Üben, Vergleichen
8 Lineares und exponentielles Wachstum

1. Der Pegelstand ist um 9 Uhr bei 6,40 m. Das Wasser steigt stündlich um 35 cm. Berechne den Pegelstand um 16 Uhr.

2. Von 9,15 m als höchstem Pegelstand fällt das Wasser seit 4 Uhr stündlich um 25 cm. Wie hoch steht es um 12 Uhr?

3. Die Einwohnerzahl einer Stadt wuchs von 1990 bis 2000 jährlich um 10%. Im Jahr 1990 lebten 300 000 Menschen in der Stadt.
   a) Wie viele waren es 1995, wie viele 2000?
   b) Wann waren es etwa doppelt so viele wie 1990?

4. Eine Zeitung meldet: „Jährlich nimmt in unserer Stadt die Einwohnerzahl um 4% ab. Heute leben hier 100 000 Menschen."
   a) Wie viele Menschen sind es in 20 Jahren?
   b) Nach wie vielen Jahren werden nur noch 25 000 Menschen dort leben? Schätze zuerst, dann rechne.

5. Auf welches Kapital steigt ein Anfangskapital von 750 € einschließlich Zinseszinsen an?
   a) in 5 Jahren mit 3%   b) in 3 Jahren mit 5%
   c) in 10 Jahren mit $4\frac{1}{2}$%   d) in 8 Jahren mit $3\frac{3}{4}$%

6. Welches Anfangskapital wächst in 3 Jahren mit 5% jährlichem Zuwachs auf 2 315,25 €?

7. Nach wie vielen Jahren hat sich ein Kapital mit Zins und Zinseszins verdoppelt? Der Jahreszinssatz beträgt   a) 7%;   b) 10%;   c) 5%.

8. Erstelle eine Tabelle mit den Funktionswerten für $x = -2$, $x = -1,5$ … bis $x = 2$ und zeichne den Graphen.
   a) $y = 3^x$ b) $y = 1,5^x$ c) $y = 0,5^x$

9. a) Welchen Punkt haben alle Graphen von Exponentialfunktionen $y = q^x$ gemeinsam?
   b) Wie erhältst du aus dem Graphen für $y = 2^x$ den Graphen für $y = (\frac{1}{2})^x$?

10. Berechne den Exponenten
    a) $2^x = 1024$ b) $729 = 3^x$ c) $(\frac{1}{2})^x = \frac{1}{32}$

11. Berechne für $x = 0,2$, $x = 0,4$ … bis $x = 2$ die Werte von $y = \log x$

Eine Anfangsgröße G nimmt **linear** zu oder ab, wenn sie sich in gleichen Zeitspannen um den gleichen Wert ändert:
$G \xrightarrow{+d} \square \xrightarrow{+d} \ldots \xrightarrow{+d} G_n$; $G_n = G + nd$

Eine Anfangsgröße G **wächst exponentiell** (nimmt exponentiell ab) in Abhängigkeit von n, wenn in gleichen Abständen von n immer mit demselben Wachstumsfaktor q > 1 (Abnahmefaktor 0 < q < 1) multipliziert wird.
$G \xrightarrow{\cdot q} \square \xrightarrow{\cdot q} \ldots \xrightarrow{\cdot q} G_n$; $G_n = G \cdot q^n$
Für Wachstum (Abnahme) gilt:
$q = 1 + \frac{p}{100}$ ($q = 1 - \frac{p}{100}$).
p% heißt Wachstums**rate** (Abnahmerate).

Das Kapital K_n nach n Jahren einschließlich Zinseszinsen berechnet man für ein Anfangskapital K und einem Zinssatz p% mit dem **Wachstumsfaktor** (Zinsfaktor) $q = 1 + \frac{p}{100}$ so:
$K \xrightarrow{\cdot q} \square \xrightarrow{\cdot q} \square \ldots \xrightarrow{\cdot q} K_n$
oder mit der Formel $K_n = K \cdot q^n$

Funktionen mit Gleichungen der Form $y = q^x$ mit q > 0 und q ≠ 1 heißen **Exponentialfunktionen** zur Basis q. für q > 1 steigt der Graph, für q < 1 fäll er.

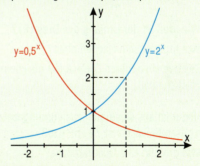

Wenn gilt $y = q^x$, dann heißt x **Logarithmus von** y **zur Basis q**:
$x = \log_q(y)$. Logarithmen zur Basis 10 heißen **Zehnerlogarithmen.** Diese bestimmt man mit der $\boxed{\log}$ -Taste des Taschenrechners.
$\log(2) = 0,301\ldots$
$10^{0,301} = 1,999\ldots$

Geometrie (1)

1. a) Wie groß ist der Winkel α im gezeichneten Dreieck?

   b) A, B, C liegen auf einer Geraden. Wie groß ist der Winkel α?

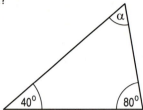
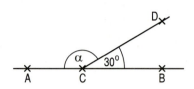

2. In einem Viereck sind zwei Winkel 90°. Ein dritter Winkel ist 45°.
   a) Zeichne ein solches Viereck.
   b) Wie groß ist der vierte Winkel?

3. Wie groß ist die Summe aller Winkel in einem beliebigen Viereck? Begründe.

4. Zeichne ein nicht quadratisches Rechteck. Zeichne alle Symmetrieachsen ein.

5. Zeichne ein Dreieck mit den Seiten a = 3 cm, c = 5 cm und dem Winkel β = 60°. Wie lang ist die Seite b?

6. a) Zeichne einen Kreis mit dem Radius 3 cm. Zeichne in diesen Kreis ein regelmäßiges Sechseck ein.
   b) Wie groß sind die Innenwinkel α des Sechsecks?

7. Begründe mit dem Satz des Pythagoras: Ein Dreieck mit den Seitenlängen a = 6 cm, b = 10 cm und c = 8 cm ist rechtwinklig. Welcher Winkel ist der rechte Winkel?

8. Die markierten Punkte sind Ecken von Figuren.
   a) Wie viele Rechtecke erkennst du in der Figur?
   b) Wie viele nicht-rechteckige Parallelogramme?
   c) Wie viele Dreiecke?

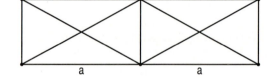

9. a) Wie groß ist der Umfang des Dreiecks?
   b) Wie groß ist sein Flächeninhalt?
   c) Zeichne ein anderes Dreieck mit gleichem Flächeninhalt.

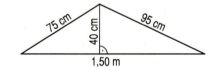

10. Die Figur ist aus Quadraten zusammengesetzt. Ihre gesamte Fläche ist 72 cm² groß.
    a) Wie groß ist eine Quadratfläche?
    b) Wie lang ist eine Quadratseite?
    c) Wie groß ist der Umfang der Figur?

11. Die Zeichnung zeigt einen Metallträger (nicht maßstabsgerecht).
    a) Berechne den Flächeninhalt der vorderen Fläche.
    b) Der Träger ist 1 m lang. Wie groß ist sein Volumen in m³?
    c) Der Träger ist aus Eisen. 1 cm³ wiegt 7,86 g. Wie schwer ist der Träger?
       Gib das Ergebnis in kg gerundet auf 100 g an.

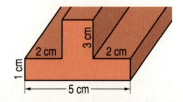

9 Qualitätssicherung

Geometrie (2)

1. Die Mauerfläche eines Hauses soll mit Fassadenfarbe gestrichen werden.

   a) Berechne die Größe der Mauerfläche.

   b) Pro m² werden 250 g Farbe benötigt. Es gibt Farbeimer zu 15 kg (Preis 27 €). Wie viele Eimer werden benötigt? Wie hoch werden die Materialkosten?

2. Berechne den Flächeninhalt des Vierecks.   a) ABCD   b) BEFD

3. Die Räder an Utes Fahrrad haben 590 mm Durchmesser. Wie oft dreht sich jedes Rad bei ihrer Fahrt zur Schule (2 km)? Runde auf volle Umdrehungen.

4. Welches der Koordinatenpaare beschreibt die Koordinaten des Punktes P im Bild?
   (12|8)   (8|8)   (8|12)   (12|12)

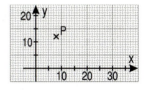

5. Auf einer geschlossenen Schnur sind 12 Knoten. Die Abstände zwischen benachbarten Knoten sind alle 1 cm. Mit der Schnur kann man Figuren so legen, dass auf jeder Ecke ein Knoten liegt.

   a) Mit der Schnur kannst du ein Quadrat legen. Welchen Flächeninhalt hat das Quadrat?

   b) Mit der Schnur kannst du verschiedene Dreiecke legen. Skizziere zwei spitzwinklige Dreiecke.

   c) Kannst du auch ein rechtwinkliges Dreieck legen? Begründe deine Antwort!

6. Kantenmodelle von Quadern kann man mit gleich langen Strohhalmen (für die Kanten) und mit Kugeln aus Knete (zum Verbinden der Kanten) basteln.

   a) Jeder Strohhalm ist 10 cm lang. Wie lang sind alle Strohhalme zusammen?

   b) Welches Volumen hat das Quadermodell?

   c) Wie viel cm² Papier braucht man mindestens, um dieses Modell ringsum zu bekleben?

   d) Für ein anderes Quadermodell sollen mehr als die hier benutzten Strohhalme verwendet werden. Wie viele Strohhalme brauchst du mindestens zusätzlich? Begründe deine Antwort!

7. Ein zylindrischer Öltank mit den angegebenen Maßen ist noch zu $\frac{2}{3}$ gefüllt.

   a) Wie viel Liter sind noch im Tank?

   b) Wie viel Liter fehlen noch bis er randvoll gefüllt ist?

   c) Berechne die Oberfläche des Tanks (mit Boden und Deckel).

   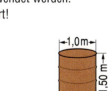

8. Eine Pyramide mit quadratischer Grundfläche hat ein Volumen von 6 400 cm³. Die Höhe ist 25 cm. Ein Quader hat dieselbe Höhe und Grundfläche.

   a) Wie groß ist das Volumen des Quaders?

   b) Wie groß ist die Grundfläche?

   c) Wie lang ist die Kante der Grundfläche?

   d) Wie lang sind die Diagonalen der Grundfläche?

   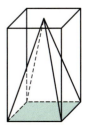

9 Qualitätssicherung

Zahlen, Größen und Zuordnungen

1. Berechne. a) $4 + 3 \cdot (2 + 1)$ b) $2 - \frac{3}{2}$ c) $2 : \frac{1}{4}$ d) $2\frac{2}{3} \cdot 2{,}5$

2. Berechne und runde das Ergebnis ganzzahlig.
   a) $1\,100 \cdot 0{,}009$ b) $4{,}5 + 0{,}2 \cdot (3{,}6 - 1{,}7 + 0{,}1)$ c) $12 : 9$ d) $789 : 77$
   e) $1\text{ Mio.} : 3\,000$ f) $2{,}01^4$ g) $\sqrt{1\,234}$ h) $\sqrt{25} + \sqrt{16}$

3. Wie kann man „die Hälfte einer Zahl a" schreiben? Notiere die richtigen Schreibweisen.
   $\frac{a}{2}$ $\frac{2}{a}$ $a - 2$ $0{,}5\,a$ $2 - a$ $0{,}2\,a$ $\frac{1}{2}a$ $\sqrt{a}$ a^2

4. a) Ordne die Flächeninhaltsangaben. Beginne mit der kleinsten.

   1 m^2 15 dm^2 150 cm^2 $1\,500\text{ mm}^2$ $1\,000\text{ cm}^2$

   b) Welche der Einheiten sind Einheiten für ein Volumen (einen Rauminhalt)?

   m^2 cm^3 l ml ha km^2

5. a) Wie viel Gramm sind 50% von $\frac{1}{4}$ kg?

   b) Zeichne einen Kreis und ein Rechteck. Schraffiere (färbe) in jeder Figur 50% von 3 Viertel.

6. Monika hat 150 €. Davon gibt sie $\frac{1}{3}$ im Urlaub aus. Vom Rest steckt sie 50% ins Sparschwein. Wie viel € steckt Monika ins Sparschwein?

7. Der IC 625 fährt von Braunschweig nach Bielefeld. Berechne die durchschnittliche Geschwindigkeit des IC auf der Strecke Braunschweig – Bielefeld in $\frac{km}{min}$ und in $\frac{km}{h}$ (ganzzahlig gerundet).

	km	IC 625
ab Braunschweig	0	18.10 Uhr
an Bielefeld	171	19.41 Uhr

8. Karin und Axel haben sich in den Ferien Geld verdient. Axel bekam für 15 Arbeitsstunden 103,50 €. Karin erhielt 140 € für 20 Arbeitsstunden. Wer erhielt den größeren Stundenlohn? Begründe deine Antwort.

9. Eine Gemeinde verkauft zwei Baugrundstücke. Das eine ist 380 m² groß, das andere 426 m². Der Preis pro Quadratmeter ist bei beiden Grundstücken gleich. Das größere Grundstück kostet 40 470 €. Wie viel Geld erhält die Gemeinde für beide Grundstücke zusammen?

10. Wenn Beate jeden Tag 8 € ausgibt, reicht ihr Feriengeld für 9 Tage. Wie lange reicht es, wenn Beate nur 6 € täglich ausgibt?

11. Ein Obsthändler hat seine Äpfel in Beutel verpackt. Er verlangt für 4 Beutel 4,80 €.
    a) Wie teuer sind 3 Beutel?   b) Wie viele Beutel erhält man für 10 €?

12. Frau Mai hat ein Bekleidungsgeschäft. Sie zahlt bei einer Lieferfirma für ein Kleid einen Einkaufspreis von 70 €. Den Verkaufspreis, der auf dem Preisschild stehen soll, berechnet Frau Mai so: Zunächst erhöht sie den Einkaufspreis um 100%. Zu diesem neuen Preis kommen noch 16% MwSt. (Mehrwertsteuer) hinzu. Welchen Preis schreibt dann Frau Mai auf das Preisschild?

13. Der Preis für eine Ware stieg von 40 € auf 50 €. Um wie viel Prozent stieg der Preis?

14. Für ein Guthaben von 2 500 € erhält Anne nach einem Jahr 75 € Zinsen. Wie hoch war der Zinssatz?

9 Qualitätssicherung

Vermischte Aufgaben

1. 1934 wurde am Edersee in Hessen ein Waschbärenpaar ausgesetzt. 1977 schätzte man den Bestand der Waschbären auf ca. 40 000 Tiere. Jährlich werden mehrere Tausend Tiere von Jägern erlegt. Man nimmt an, dass sich die Anzahl der Waschbären alle 3 Jahre verdoppelt. Welcher Bestand ergibt sich unter dieser Annahme für das Jahr 2010?

2. Ein Bad in der Badewanne: Die Kurve im Koordinatensystem zeigt, wie sich der Wasserspiegel (die Höhe des Wasserstandes in cm) im Verlaufe der Zeit ändert.

   a) Wie viele Minuten läuft Wasser ein?
   b) Wie lange dauert das Auslaufen des Wassers?
   c) Wie lange läuft weder Wasser ein noch aus?

   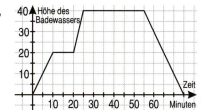

3. Welcher Graph gehört zu der Funktionsgleichung?

   a) $y = 0{,}5x + 2$ b) $y = 2x$ c) $y = 2 - x$ d) $y = x^2$ e) $y = \frac{1}{x}$

   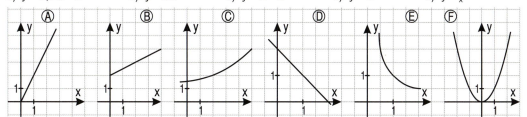

4. An einer Schule sind L Lehrer und S Schüler. Auf jeden Lehrer kommen 10 Schüler. Welche Gleichungen drücken das richtig aus?
   Ⓐ $L = 10\,S$ Ⓑ $S = 10\,L$ Ⓒ $L : S = 10$ Ⓓ $S : L = 10$ Ⓔ $L = 0{,}1\,S$ Ⓕ $S = 10^L$

5. a) Berechne die Summe von 3 aufeinander folgenden natürlichen Zahlen. Die kleinste Zahl ist 9.
   b) Die Summe von 3 aufeinander folgenden natürlichen Zahlen ist 18. Wie heißt die kleinste Zahl?
   c) Schreibe einen Rechenausdruck auf für die Summe von drei aufeinander folgenden natürlichen Zahlen. Nenne die kleinste dieser Zahlen n.
   d) Peter behauptet: „Die Summe von drei aufeinander folgenden natürlichen Zahlen ist immer durch 3 teilbar!" Hat Peter Recht? Begründe deine Antwort.

6. a) Welchen Wert darf man in $\frac{12}{(x-2)}$ für x nicht einsetzen? Begründe deine Antwort.
   b) Welche Lösung hat die Gleichung $\frac{12}{(x-2)} = 1$?
   c) Welche Lösungen hat die Gleichung $(x - 3) \cdot (x + 2) = 0$?

7. Figur A und Figur B werden um ihren jeweiligen Mittelpunkt gedreht. Welches Bild zeigt das Ergebnis einer Drehung von A, welches das einer Drehung von B?

        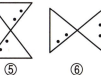

   ① ② ③ ④ ⑤ ⑥ ⑦ ⑧

9 Qualitätssicherung

Komplexe Aufgaben

1. a) Wie groß und wie teuer ist die angebotene Eigentumswohnung?
   b) Berechne den Preis pro m².

2. Ohne Balkon und Abstellraum ist die Wohnung ca. 52 m² groß.
   a) Wie viel m² Fläche entspricht 1 cm² in der Planzeichnung? Runde.
   b) Von Terrasse und Abstellraum ist nur die halbe Fläche auf die Wohnfläche der Eigentumswohnung anzurechnen. Ist die Größe der Wohnung richtig angegeben?
   c) Welche Größe haben die einzelnen Räume?

3. Der Kaufpreis wird sich um 3,33% des angegebenen Preises für Maklergebühren erhöhen. Zudem muss mit 5 000 € für weitere Nebenkosten gerechnet werden. Wie hoch ist damit der Preis pro m² Wohnfläche?

WE 7, ca. 56 m², 2 Zimmer, KDB, Südwestbalkon, Einbauküche
komplett nur   89 000,– €

4. Familie Wand zahlt für eine 75 m² große Wohnung monatlich 487,50 € Miete. Eine gleich große Eigentumswohnung in einem Neubau wird für 110 000,– € angeboten. Familie Wand verfügt über ein Nettoeinkommen von monatlich 2 100 €.
   a) Wie viel Prozent des Nettoeinkommens gibt Familie Wand derzeit für Miete aus?
   b) Die Wands überlegen, ob sie die Wohnung kaufen sollen. Den Kaufpreis müssten sie zu 6% Jahreszinsen leihen. Außer den Zinsen müssten jedes Jahr 2% des geliehenen Geldes zurückgezahlt werden. Mehr als 35% ihres Einkommens will Familie Wand nicht für Wohnungskosten ausgeben.
   c) Wie hoch sind im ersten Jahr nach dem Kauf der Wohnung die Mehrkosten gegenüber der Miete?

5. Die Zeichnung zeigt den Grundriss eines Raums für einen Tank.
   a) Berechne die Höhe des quaderförmigen Tanks auf cm genau.
   b) Die Mauern des Raumes sind überall gleich dick und 2,10 m hoch. Wie viel m³ Mauerwerk sind es (ohne Boden und Decke)?
   c) Wie viele Mauersteine braucht man etwa? Länge 30 cm, Breite 15 cm, Höhe 7,5 cm.
   d) Der Boden und die Wände (bis 1,50 m Höhe) müssen mit Spezialfarbe gestrichen werden. Wie viel m² sind das?
   e) Wie viel Prozent des Raumvolumens werden durch den Tank eingenommen?

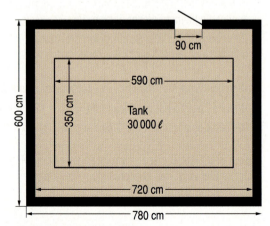

6. a) Passt in den Raum (Aufgabe 5) ein kugelförmiger Tank für 30 000 l?
   b) Der Kugeltank für 30 000 l soll gestrichen werden. Bestimme seine Oberfläche in Quadratmetern.
   c) Eine Dose Farbe reicht für 5 m². Wie viele Dosen benötigt man, um den Tank zu streichen?

9 Qualitätssicherung

7. a) Wie viele Gläser zu $\frac{1}{4}$ l können mit dem Saft aus dem (zylindrischen) Gefäß gefüllt werden (Durchmesser 20 cm, Füllhöhe 25 cm)?
   b) Um wie viel Zentimeter sinkt die Füllhöhe im Saftbehälter bei jeder Glasfüllung?
   c) Es dauert 5 s um ein Glas zu füllen. Wie viel cm³ Saft fließen pro Sekunde ins Glas? Um wie viel cm steigt dann der Saft jede Sekunde im zylindrischen Glas mit 4 cm Durchmesser?
   d) Wie lange würde es dauern, bis das Gefäß leer ist, wenn der Saft ohne Unterbrechung aus dem Hahn gleichmäßig auslaufen könnte?

8. Ein quaderförmiger Behälter (Länge 200 cm, Breite 100 cm, Höhe 125 cm) wird mit 100 l Wasser pro Minute gefüllt.
   a) Nach wie vielen Minuten ist der Behälter bis zum oberen Rand gefüllt?
   b) Zeichne in ein Koordinatensystem die Zuordnung Füllzeit ⟶ Füllhöhe.

9. Zum Schulabschluss machen 28 Schülerinnen und Schüler begleitet von 2 Erwachsenen einen Besuch in der Sternwarte.
   a) Wie viel Euro sind für den Eintritt zu zahlen, wenn die Begleitpersonen freien Eintritt haben?
   b) Die beiden Begleiter beteiligen sich an den Eintrittspreisen, obwohl sie nichts zahlen müssten. Um wie viel Cent ermäßigt sich dadurch für jede Schülerin und jeden Schüler der Eintritt? Wie viel Prozent sind das?
   c) Petra sieht, dass ein Erwachsener für seine Gruppe 28 € zahlt. Wie viele Jugendliche und wie viele Erwachsene könnten in seiner Gruppe sein? Gib mehrere Möglichkeiten an.

Eintrittspreise für die Sternwarte	
Erwachsene	4,00 €
Jugendliche (6 – 17 J.)	2,00 €
2 Eltern mit Kindern	8,50 €
Gruppen (mind. 10 Personen)	
Erwachsene	2,50 €
Jugendliche	1,75 €

10. a) Die Siegessäule in Berlin ist 69 m hoch (Boden bis Figurspitze). Alexander möchte sie ganz auf einem Foto haben. Das Objektiv seiner Kamera hat einen Öffnungs(Blick-)winkel, der zwischen 20° und 60° variiert. Wie weit muss Alexander (Augenhöhe 1,5 m) mindestens beim Fotografieren entfernt sein?
    b) Wie hoch ist die Säule im Foto? Wie groß schätzt (berechnest) du den Durchmesser der Säule? Schätze damit auch die Höhe und Breite des Sockels.

11. Welchen Radius hat ein Kreis mit dem Umfang u = 1 cm, u = 2 cm, u = 3 cm, u = 4 cm ...? Was fällt auf?

12. Ein regelmäßiges 9-Eck hat einen Umkreis mit 94,25 m Umfang. Berechne Flächeninhalt und Umfang des 9-Ecks.

Lösungen der TÜV-Seiten

Seite 34

1. Zu jeder Aufgabe sind je 4 von unendlich vielen Möglichkeiten angegeben. a) $y = -x + 3$; (0 | 3); (−4 | 7); (2 | 1); (3 | 0)
   b) $y = -3x + 6$; (1 | 3); (2 | 0); (5 | −9); (−1 | 9)   c) $y = -x + 6$; (2 | 4); (0 | 6); (−4 | 10); (6 | 0)

2. a) $4x + 6y = 60$ b) $y = -\frac{2}{3}x + 10$ c) (0 | 10), (3 | 8), (6 | 6), (9 | 4), (12 | 2), (15 | 0)

3. a) $x = 3, y = 7$ b) $x = 0, y = 2$ c) $x = -3, y = 2$

4. a) $x + y = 11$ b) $x + y = 12$
   $x - y = 3$ $x = 2y$
   $x = 7, y = 4$ $x = 8, y = 4$ (84)

5. a) $x = 4, y = 2$ b) $x = 1, y = 3$ c) $x = -2, y = -3$ d) $x = 3, y = -4$ e) $x = 3, y = -3$ f) $x = -2, y = 3$

6. a) $x = 2, y = 1$ b) $x = 3, y = 2$ c) $x = 3, y = -1$ d) $x = 4, y = 1$ e) $x = 3, y = -2$ f) $x = -3, y = -4$

7. a) $x = 1, y = 2$ b) $x = 4, y = -2$ c) $x = -3, y = 4$ d) $x = 2, y = 3$ e) $x = 2, y = -1$ f) $x = -3, y = 4$

8. –   9. I $y < 3x - 8$ II $y < 9 - x$ (2 | −5); (4 | 0); (5 | 3); (9 | −2)

Seite 35

1. Dana kauft 12 Stifte und 5 Schreibblöcke.   2. Herr Möller kauft 2 Farbfilme und 6 Diafilme.

3. Ein Mehrkornbrötchen kostet 29 Cent, ein Roggenbrötchen 26 Cent.

4. Es sind 10 Flaschen Apfelsaft und 15 Flaschen Mineralwasser.

5. Herr Grundmeier hat 20 Cuttermesser und 16 Schraubendreher eingekauft.

6. 100 g Hackfleisch kosten 0,69 €, 100 g Salami 2,49 €.

7. Frau Weis ist 28, ihre Tochter 4 Jahre alt.   8. Herr Wollny ist 51, sein Sohn 15 Jahre alt.

9. a) (48 | 35)   b) ($\frac{11}{8}$ | $\frac{5}{8}$)   10. 39   11. $\frac{5}{8}$ 12. (16 | 9)

13. a) $a = 20$ cm; $b = 12$ cm   b) $a = 4$ cm; $c = 11$ cm   14. $\alpha = \beta = 68°$, $\gamma = 44°$

15. a) $y < -2x - 4$;   (−4 | 0); (−2 | −4); (0 | −6)   b) $y > 2x + 5$;   (−4 | 0); (0 | 8); (2 | 12)

16. I $y > 20 - x$ II $y < 50 - 2x$ (4 | 40); (10 | 24); (12 | 12); (20 | 4)

Seite 52

1. –   2. a) $x = 9$ cm   b) $x = 9,5$ cm   3. Die Strecken e und f sind parallel.   4. a) $x = 2,1$ cm   b) $x = 10,8$ cm

5. a) $a = 4,2$ cm   b) $h = 4,6$ cm   c) $c = 1,8$ cm   d) $p = 3,5$ cm   6. a) $c = 10,5$ cm   b) $b = 8,05$ cm   c) $a = 2,5$ cm   d) $b = 8$ cm

7. a) $a = 5,8$ cm   b) $a = 3,6$ cm   c) $b = 4,8$ cm   8. Die Dreiecke b) und c) sind rechtwinklig, Dreieck a) nicht.

Seite 53

1. –   2. a) $x = 4,4$ cm; $y = 11$ cm   b) $x = 11,1$ cm; $y = 5,1$ cm   c) $x = 6,5$ cm; $y = 11,4$ cm   d) $x = 9,5$ cm; $y = 5,8$ cm

3. Die Tanne ist 12,19 m hoch.   4. a) $d = 6,5$ cm   b) $a = 8,5$ cm   c) $a = 4,2$ cm   d) $f = 11,8$ cm

5. a) $d = 17,3$ cm   b) $c = 12,3$ cm   c) $e = 12,0$ cm; $c = 5,0$ cm   d) $e = 8,5$ cm; $a = 6,0$ cm

6. $d = 10,8$ cm   7. Die Sollbruchstelle befindet sich in einer Höhe von 3,65 m.   8. 2 412 m

9. a) $s = 17,4$ cm   b) $d = 13,3$ cm   c) $h_a = 14,0$ cm

Seite 70

1. a) A liegt auf dem Graphen.   b) B liegt nicht auf dem Graphen.   c) C liegt auf dem Graphen.   d) D liegt nicht auf dem Graphen.

2. Hier ohne Wertetabelle; angegeben ist jeweils der Scheitelpunkt   a) (0,5 | −2,25)   b) (0 | 0)   c) (2 | 0)

3. a) 2,89   b) 6,76   c) 4,84   d) 8,41   4. a) ≈ 1,5   b) ≈ 2,7   c) ≈ 2,1   d) ≈ 1,9

5. a) $x_1 = 4$; $x_2 = 6$ b) $x_1 = -1$; $x_2 = 5$ c) $x_1 = -1$; $x_2 = 3$

6. a) $x_1 = -7$; $x_2 = 7$ b) $x_1 = -4$; $x_2 = 4$ c) $x_1 = -0,2$; $x_2 = 0,2$
   d) $x_1 = -\sqrt{10}$; $x_2 = \sqrt{10}$ e) $x_1 = -\sqrt{2}$; $x_2 = \sqrt{2}$ f) $x_1 = -\sqrt{12}$; $x_2 = \sqrt{12}$
   g) $x_1 = -4$; $x_2 = 0$ h) $x_1 = 0$; $x_2 = 7$ i) $x_1 = 0$; $x_2 = 9$

Lösungen der TÜV-Seiten

7. a) $x_1 = -3$; $x_2 = 5$ b) $x_1 = -7$; $x_2 = -1$ c) $x_1 = 7$; $x_2 = 9$ d) $x_1 = -3$; $x_2 = -1$

8. a) $x_1 = -5,2$; $x_2 = 1,2$ b) $x_1 = 0,4$; $x_2 = 4,6$ c) $x_1 = 0,4$; $x_2 = 2,6$ d) $x_1 = 0,8$; $x_2 = 5,2$

9. a) $x_1 = -7$; $x_2 = 3$ b) $x_1 = -7$; $x_2 = 1$ c) $x_1 = -8$; $x_2 = -6$ d) $x_1 = -9$; $x_2 = 7$

10. a) $x_1 = -3,4$; $x_2 = -0,6$ b) $x_1 = -3,3$; $x_2 = 0,3$ c) $x_1 = 0,2$; $x_2 = 4,8$ d) $x_1 = -2,1$; $x_2 = 9,1$

11. a) $x^2 + x - 12 = 0$ b) $x^2 + 3x - 10 = 0$ c) $x^2 - 2x + 0,75 = 0$

Seite 71

1. a)

t [s]	1	2	3	4	5	6	7	8	9	10
h [m]	115	220	315	400	475	540	595	640	675	700

t [s]	11	12	13	14	15	16	17	18	19	20
h [m]	715	720	715	700	675	640	595	540	475	400

b) Nach ≈ 5,4 s und ≈ 18,6 s

2. a)

x	−3	−2	−1	−0,5	0	0,5	1	2	3	Nullstellen
y	13	8	5	4,25	4	4,25	5	8	13	keine

b)

x	0	1	2	2,5	3	3,5	4	5	6	Nullstellen
y	9	4	1	0,25	0	0,25	1	4	9	$x = 3$

c)

x	−2	−1,5	−1	−0,5	0	0,5	1	1,5	2	Nullstellen
y	−15	−8	−3	0	1	0	−3	−8	−15	$x_1 = -0,5$; $x_2 = 0,5$

d)

x	−4	−3	−2	−1	0	1	2	3	4	Nullstellen
y	−6,4	−3,6	−1,6	−0,4	0	−0,4	−1,6	−3,6	−6,4	$x = 0$

3. a) S (−2 | −4)   b) S (1,5 | −2,5)   c) S (−3 | −11)   d) S (3,5 | −9,25)

4. Es gibt zwei Lösungen: 25 und −26   5. Es gibt zwei Lösungspaare: 18 und 19 oder −17 und −16

6. Es gibt zwei Lösungen: $x_1 = 8$ oder $x_2 = -52$ 7. Nach ≈ 4,47 s   8. Nach 14,5 s

9. a) $x = 19$ cm   b) $x = 20$ cm   c) $x = 6$ cm   d) $x = 19$ cm   10. 86 m und 35 m   11. ≈ 13,9 cm und ≈ 7,9 cm

12. 6,60 m lang, 5,80 m breit   13. Die Seitenlänge des Quadrates beträgt 36 cm.   14. 10 Personen   15. 40 Personen, 8,– €

Seite 88

1. a) sin 13° = 0,225; cos 13° = 0,974; tan 13° = 0,231   b) sin 27° = 0,454; cos 27° = 0,891; tan 27° = 0,510
   c) sin 41° = 0,656; cos 41° = 0,755; tan 41° = 0,869   d) sin 54° = 0,809; cos 54° = 0,588; tan 54° = 1,376

2. tan 68° = 2,4752; cos 131° = −0,6560; sin 246° = −0,9134   3. a) α = 45,6°   b) α = 81,4°   c) α = 20,2°   d) α = 73,7°

4. um 90° nach links   5. a) x = 5,33 m   b) x = 11,27 m   c) x = 7,96 m   d) x = 5,29 m

6. a) b = 20,35 cm   b) b = 5,19 cm   c) a = 8,6 cm   d) β = 39,5°   e) γ = 70,7°   f) c = 4,2 cm

Seite 89

1. a) α = 54,5°   b) α = 54°   c) α = 66,6°   d) α = 164,7°   e) α = 137,2°   f) α = 251,6°

2. a) x = 2,4 cm   b) β = 41,4°   c) y = 6,4 cm   d) α = 59°

3. a) a = 5,18 m; b = 5,56 m; β = 47°   b) c = 6,9 cm; α = 50,3°; β = 39,7°   c) α = 19°; c = 44,4 mm; a = 14,5 mm
   d) b = 5,4 cm; α = 38,5°; β = 51,5°   e) β = 19°; c = 7,17 m; b = 2,33 m

4. a) 4,20 m   b) 6,7°   c) 5,65 m

5. a) h = 6,6 cm; A = 19,8 cm²   b) h = 8,23 m; A = 39,09 cm²   c) h = 4,21 m; A = 48,42 cm²   6. a) 25,09 m   b) 29,24 m

7. a) γ = 103°; a = 13,7 cm; b = 19,2 cm   b) b = 8,1 cm; α = 35,1°; γ = 100,9°   c) a = 13,4 cm; α = 85,2°; β = 39,8°

Seite 104

1. a) 64   b) 0,25   c) −27   d) 256   e) 0,00001

2. a) $\left(\frac{1}{7}\right)^2 \approx 0,0204$ b) $\left(\frac{1}{5}\right)^3 = 0,008$ c) $\left(\frac{1}{3}\right)^4 \approx 0,012$ d) $\left(\frac{1}{2}\right)^5 = 0,03125$ e) $\left(\frac{1}{10}\right)^5 = 0,00001$

3. a) $7,5 \cdot 10^{11}$; $5,93 \cdot 10^8$ b) $3,7 \cdot 10^{10}$; $4,3 \cdot 10^{13}$

4. a) $4^5 = 1\,024$; $5^4 = 625$ b) $2^{15} = 32\,768$; $12^2 = 144$ c) $8^5 = 32\,768$; $23^3 = 12\,167$ 5. a) 256; 64   b) 7776; 16   c) 16; 243

Lösungen der TÜV-Seiten

6. a) 64   b) 25,62890625   c) 0,00390625   d) 0,000064   e) 429 981 696   f) $3,652035 \cdot 10^{16}$ g) 0,008963   h) 0,02482

7. a) 5   b) −2   c) 4   d) 5   e) 3   f) 4   **8.** a) 16; 11; 0,3   b) 20; 5; 0,3   c) 5; 4; 10   d) 2; 10; 3

9. a) $40^{\frac{1}{2}} = 6{,}324$; $0{,}9^{\frac{1}{2}} = 0{,}95$ b) $50^{\frac{1}{3}} = 3{,}684$; $100^{\frac{1}{3}} = 4{,}642$ c) $200^{\frac{1}{4}} = 3{,}761$; $1000^{\frac{1}{4}} = 5{,}623$ d) $25^{\frac{1}{5}} = 1{,}904$; $0{,}5^{\frac{1}{5}} = 0{,}871$

10. a) $\sqrt{4^3} = 4^{\frac{3}{2}}$ b) $\sqrt[3]{8^4} = 8^{\frac{4}{3}}$ c) $(\sqrt{64})^3 = 64^{\frac{3}{2}}$ d) $\sqrt[3]{27^5} = 27^{\frac{5}{3}}$

11. a) 3,83   b) 40,32   c) 4,44   d) 0,013   e) 181,02   f) 0,014   g) 0,14142   h) 0,57435   i) 0,027581

Seite 105

1. a) 6 440 000   b) 0,0000683   c) 27 100   d) 0,0000328   e) 4,51   f) 2 460   g) 0,0131

2. a) $4{,}8 \cdot 10^5$ b) $4{,}75 \cdot 10^3$ c) $1{,}25 \cdot 10^6$ d) $4{,}1 \cdot 10^6$ e) $7{,}5 \cdot 10^4$ f) $2{,}4 \cdot 10^2$

3. a) $2^6 = 64$ b) $3^3 = 27$ c) $4^2 = 16$ d) $10^4 = 10\,000$ e) $2^3 = 8$ f) $10^3 = 1\,000$ g) $4^4 = 256$

4. a) $1{,}05^{35} \approx 5{,}516$ b) $2{,}35^{12} \approx 28\,367{,}1$ c) $4{,}5^{-8} \approx 0{,}00000595$ d) $0{,}5^{-15} = 32\,768$ e) $10^{12} = 1$ Billion   f) $0{,}1^{24} = 1 \cdot 10^{-24}$

5. ① 10^7 A   ② $1000^2 = 10^6$ S   ③ 10^8 T   ④ $100^9 = 10^{18}$ E   ⑤ 10^{-14} R   ⑥ $10\,000^9 = 10^{36}$ I   ⑦ 10^5 X
Lösungswort: Asterix

6. in 4 h 30 min   **7.** a) 64 und 2   b) 100 000 und 10   c) 81 und 3   d) 1 000 000 000 und 10

8. a) 64   b) 216   c) 39,0625   d) 10^8 e) 1 024   f) 243   **9.** a) 25 cm²   b) 0,04 m²   c) 6,25 m²

10. a) 7 m   b) 0,3 m   c) 10 m   **11.** a) 3 cm   b) 10 cm   c) 4 m

12. a) 6; 7   b) 12; 13   c) 3; 4   d) 8; 9   e) 15; 16   **13.** a) 2; 3   b) 2; 3   c) 4; 5   d) 6; 7

14. a) $\sqrt{18} = 4{,}24$ b) $\sqrt{24} = 4{,}9$ c) $\sqrt[3]{300} = 6{,}69$ d) $\sqrt[3]{63} = 3{,}98$
e) $\sqrt[5]{420} = 3{,}35$ f) $\sqrt[3]{7\,250} = 19{,}35$ g) $\sqrt[4]{0{,}54} = 0{,}86$ h) $\sqrt{0{,}014} = 0{,}12$

15. a) 12,29   b) 0,3968   c) 3,46   d) 7,62199   e) 1,7778   f) 0,001326

16. a) <   b) >   c) >   d) <

Seite 118

1. a) V = 120 cm³; O = 148 cm²   b) V = 216 cm³; O = 264 cm²   c) V = 628,32 cm³; O = 408,40 cm²

2. a) V = 32 cm³; O = 66,6 cm²   **3.** a) V = 65,97 cm³; O = 100,1 cm²   **4.** a) V = 33,51 cm³; O = 50,27 cm²
b) V = 208,15 cm³; O = 235,2 cm²   b) V = 5,69 cm³; O = 19,79 cm²   b) V = 463,25 cm³; O = 289,53 cm²
c) V = 192,66 cm³; O = 221,05 cm²   c) V = 17,59 cm³; O = 41,78 cm²   c) V = 310,34 cm³; O = 221,67 cm²

5. a) h_s = 2,82 cm; V = 85,25 cm³; O = 127,17 cm²   b) h = 6,71 cm; V = 337,74 cm³; O = 304 cm²

6. a) s = 5,85 cm; V = 282,22 cm³; O = 245,04 cm²   b) r_1 = 3,6 cm; r_2 = 3,1 cm; h = 8,08 cm; V = 285,40 cm³; O = 241,34 cm²

Seite 119

1. –

2. a) s = 7,2 cm; V = 428,8 cm³; O = 344,9 cm²   b) r_1 = 7 cm; r_2 = 4 cm; s = 16,3 cm; V = 1 558,2 cm³; O = 767,5 cm²
c) h_s = 1,9 m; V = 12,4 m³; O = 34 m²   d) h_s = 5,06 cm; V = 114,7 cm³; O = 148,4 cm³

3. a) V = 5 768 mm³; O = 1 758,67 mm²   b) V = 3 131 mm³; O = 1 100 mm²   c) V = 34,71 cm³; O = 79,85 cm²
d) V = 4,932 cm³; O = 25,09 cm²

4. a) V = 1 508 cm³; m = 13,42 kg   b) V = 18,8 cm³; m = 167 g   c) V = 45,4 cm³; m = 404 g   d) V = 1 129 cm³; m = 10,05 kg

5. Die Masse des Sockels beträgt 6,43 t (2,8 m³).   **6.** Die Masse der Joghurt-Füllung beträgt 499 g (478 cm³).

Seite 137

1. Bei 8,85 m.   **2.** Bei 7,15 m.   **3.** a) 1995: 483 153, 2000: 778 123   b) 1998

4. a) 44 200 Einwohner   b) Nach 34 Jahren   **5.** a) K_5 = 869,46 €   b) K_3 = 868,22 €   c) K_{10} = 1164,73 €   d) K_8 = 1006,85 €

6. K = 2 000   **7.** a) nach 11 Jahren   b) nach 8 Jahren   c) nach 15 Jahren

8.

	x	−2	−1,5	−1	−0,5	0	0,5	1	1,5	2
a)	y	0,11	0,19	0,33	0,58	1	1,73	3	5,2	9
b)	y	0,44	0,54	0,66	0,82	1	1,22	1,5	1,84	2,25
c)	y	4	2,83	2	1,41	1	0,71	0,5	0,35	0,25

Lösungen der TÜV-Seiten / Lösungen der Qualitätssicherung

9. a) (0 | 1)   b) Durch Spiegelung an der y-Achse   10. a) x = 10   b) x = 6   c) x = 5

11.
x	0,2	0,4	0,6	0,8	1	1,2	1,4	1,6	1,8	2
y	– 0,7	– 0,4	– 0,22	– 0,1	0	0,08	0,15	0,2	0,26	0,3

Lösungen der Qualitätssicherung

Seite 138

1. a) 60°   b) 150°   2. a) –   b) 135°   3. 360°   4. –   5. b = 4,3 cm   6. a) –   b) 120°

7. Das Dreieck ist rechtwinklig, da $a^2 + c^2 = b^2$. Der rechte Winkel ist β, denn der rechte Winkel liegt immer gegenüber der längsten Seite.

8. a) 3   b) 3   c) 14   9. a) 3,20 m   b) 0,3 m²   c) z. B. Grundseite 1 m, Höhe 30 cm

10. a) 9 cm²   b) 3 cm   c) 48 cm   11. a) 8 cm²   b) 800 cm³ = 0,0008 m³   c) 6,3 kg

Seite 139

1. a) 213,75 m²   b) 4 Eimer. 108 €.   2. a) 8 cm²   b) 3 cm²   3. 1 079 Umdrehungen   4. (8 | 12)

5. a) 9 cm²   b) –   c) Es ist $3^2 + 4^2 = 5^2$. Dann ist das Dreieck nach der Umkehrung des Satzes von Pythagoras rechtwinklig.

6. a) 2,80 m   b) 8 000 cm³   c) 2 800 cm²   d) mindestens 4   7. a) 785,4 l   b) 392,7 l   c) 6,3 m²

8. a) 19 200 cm³   b) 768 cm²   c) 27,7 cm   d) 39,2 cm

Seite 140

1. a) 13   b) $\frac{1}{2}$ c) 8   d) $6\frac{2}{3}$ 2. a) 10   b) 5   c) 1   d) 10   e) 333   f) 16   g) 35   h) 5   3. $\frac{a}{2}$; 0,5 a; $\frac{1}{2}$ a

4. a) 1500 mm² < 150 cm² < 1 000 cm² < 15 dm² < 1 m²   b) cm³; l; ml   5. a) 125 g   b) –

6. 50 €   7. 2 $\frac{km}{min}$ und 113 $\frac{km}{h}$ 8. Karin mit 7 € (Axel: 6,90 €)   9. 76 570 €   10. 12 Tage

11. a) 3,60 €   b) 8 Beutel (Restgeld: 0,40 €)   12. 162,40 €   13. um 25%   14. 3%

Seite 141

1. 10 240 000 Waschbären   2. a) 15 min   b) 20 min   c) 40 min

3. a) B   b) A   c) D   d) F   e) E   4. Ⓐ und Ⓒ

5. a) 30   b) 5   c) 3n + 3   d) Peter hat Recht (3 n + 3 = 3 (n + 1) ist durch 3 teilbar – unabhängig von n)

6. a) 2   b) x = 14   c) x = – 2; x = 3   7. ①, ② und ⑥ folgen aus einer Drehung von A, ③, ④ und ⑧ aus einer Drehung von B.

Seite 142

1. a) 56 m²; 89 000 €   b) 1 589,29 €

2. a) ca. 3 m²   b) Die Fläche wurde gerundet.   c) Wohnen/Essen 25,5 m²; Schlafen 11,25 m²; Bad 3,3 m²; Küche 3,7 m²

3. 1 731,49 €   4. a) 23,2%   b) Sie können die Wohnung kaufen (34,9% Kostenanteil am Nettoeinkommen)   c) 2 950 €

5. a) 145 cm   b) 16,065 m³   c) etwa 4 760 Steine   d) 77,13 m²

6. a) r = 1,93 m, der Kugeltank passt also.   b) O = 46,7 m²   c) 10 Dosen

Seite 143

7. a) 31 Gläser   b) 0,8 cm   c) 50 cm³ pro Sekunde. Der Saft steigt jede Sekunde 4 cm.   d) 157 s (= 2 min 37 s)

8. a) 25 min (V = 2 500 l)   b) –   9. a) 49 €   b) 12 Cent (6,9%)
c) z. B. 7 Erwachsene oder 7 Erwachsene und 6 Jugendliche oder 5 Erwachsene und 4 Jugendliche

10. a) mindestens 39,84 m, höchstens 189,57 m
    b) Die Säule ist auf dem Foto etwa 35 mm hoch. Daraus folgt ein ungefährer Maßstab von 1 : 2 000.
    Daraus folgt für den Säulendurchmesser: ca. 5 m, für die Sockelhöhe: ca. 8 m und für die Sockelbreite: ca. 30 m.

11. Die Radien sind $\frac{1}{2}$ π, π, $\frac{3}{2}$ π ... (wächst um $\frac{1}{2}$ π)   12. A = 651,04 cm², u = 92,3 cm

Formeln

Geometrie

Rechteck		Flächeninhalt: $A = a \cdot b$ Umfang: $u = 2a + 2b$
Parallelogramm		Flächeninhalt: $A = g \cdot h$
Dreieck		Flächeninhalt: $A = \dfrac{g \cdot h}{2}$
Trapez		Flächeninhalt: $A = \dfrac{a+c}{2} \cdot h$
Kreis		Flächeninhalt: $A = \pi \cdot r^2 = \pi \cdot \dfrac{d^2}{4}$ Umfang: $u = \pi \cdot d = 2\pi r$
Kreisausschnitt (Sektor)		Flächeninhalt: $A = \pi r^2 \cdot \dfrac{\alpha}{360°}$ Kreisbogen: $b = 2\pi r \cdot \dfrac{\alpha}{360°} = \pi r \cdot \dfrac{\alpha}{180°}$
Quader		Volumen: $V = a \cdot b \cdot c$ Oberfläche: $O = 2ab + 2ac + 2bc$
Prisma (gerades)		Oberfläche: $O = 2G + M$ Volumen: $V = G \cdot h$
Zylinder		Mantel: $M = u \cdot h = 2\pi r \cdot h$ Oberfläche: $O = M + 2G = 2\pi r \cdot h + 2\pi r^2$ Volumen: $V = \pi r^2 \cdot h$

Geometrie (Fortsetzung)

Pyramide		Volumen: $V = \frac{1}{3} G \cdot h = \frac{1}{3} a^2 \cdot h$ Oberfläche: $O = G + M = a^2 + 2 a h_s$
Kegel		Volumen: $V = \frac{1}{3} G \cdot h = \frac{1}{3} \pi r^2 h$ Oberfläche: $O = G + M = \pi r^2 + \pi r s$ Mantelfläche: $M = \pi r s$
Kugel		Volumen: $V = \frac{4}{3} \pi r^3$ Oberfläche: $O = 4 \pi r^2$

Rechtwinkliges Dreieck ($\gamma = 90°$)

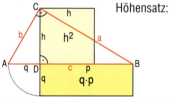

Kathetensatz: $a^2 = c \cdot p$; $b^2 = c \cdot q$ Höhensatz: $h^2 = p \cdot q$

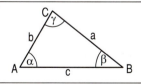

Satz des Pythagoras: $a^2 + b^2 = c^2$

Seitenverhältnisse:
$\sin \alpha = \frac{a}{c}$
$\cos \alpha = \frac{b}{c}$
$\tan \alpha = \frac{a}{b}$

Allgemeines Dreieck

Sinussatz: $\frac{a}{\sin \alpha} = \frac{b}{\sin \beta} = \frac{c}{\sin \gamma}$

Kosinussatz:
$a^2 = b^2 + c^2 - 2bc \cos \alpha$
$b^2 = a^2 + c^2 - 2ac \cos \beta$
$c^2 = a^2 + b^2 - 2ab \cos \gamma$

Trigonometrische Beziehungen

$\tan \alpha = \frac{\sin \alpha}{\cos \alpha}$ $\cos \alpha = \sin (90° - \alpha)$ $\sin \alpha = \cos (90° - \alpha)$

$\sin^2 \alpha + \cos^2 \alpha = 1$ $\sin \alpha = \sin (180° - \alpha)$

Bogenmaß des in Grad gemessenen Winkels α: $b_\alpha = 2 \pi \cdot \frac{\alpha}{360}$

Formeln

Algebra

Klammern auflösen:	$a + (b - c) = a + b - c$ $a - (b - c) = a - b + c$
Multiplikation von Summen:	$(a + b)(c + d) = ac + ad + bc + bd$
Binomische Formeln:	$(a + b)^2 = a^2 + 2ab + b^2$ $(a - b)^2 = a^2 - 2ab + b^2$ $(a + b)(a - b) = a^2 - b^2$
Quadratische Gleichungen:	$x^2 + px + q = 0$ mit $\left(\frac{p}{2}\right)^2 - q > 0$ hat zwei Lösungen: $x_{1/2} = -\frac{p}{2} \pm \sqrt{\left(\frac{p}{2}\right)^2 - q}$ Wenn $\left(\frac{p}{2}\right)^2 - q = 0$, hat sie eine Lösung: $x = -\frac{p}{2}$ Wenn $\left(\frac{p}{2}\right)^2 - q < 0$, hat sie keine Lösung. Satz von Vieta: $x_1 + x_2 = -p$ und $x_1 \cdot x_2 = q$
Rechengesetze für Potenzen:	$(a \neq 0, b \neq 0)$ $a^m \cdot a^n = a^{m+n}$ $a^m : a^n = a^{m-n}$ $a^n \cdot b^n = (a \cdot b)^n$ $a^n : b^n = (a : b)^n$ $(a^n)^m = a^{n \cdot m}$
Prozentrechnung:	$W = G \cdot \frac{p}{100}$ $G = W : \frac{p}{100}$ $\frac{p}{100} = W : G$
Zinsrechnung:	$Z = K \cdot \frac{p}{100} \cdot \frac{t}{360}$ (Zinsen nach der Zeit t in Tagen)
Zinseszinsrechnung:	$K_n = K \cdot q^n = K \cdot (1 + \frac{p}{100})^n$ (Kapital mit Zinseszins nach n Jahren)
Exponentielles Wachstum:	$G_n = G \cdot q^n$ mit dem Wachstumsfaktor $q = 1 + \frac{p}{100}$
Logarithmus zur Basis q:	$x = \log_q y$ für $q > 0, y > 0, q \neq 1$, wenn $y = q^x$

Maßeinheiten

Kilometer	Meter	Dezimeter	Zentimeter	Millimeter
1 km =	1 000 m			
	1 m =	10 dm =	100 cm =	1 000 mm
		1 dm =	10 cm =	100 mm
			1 cm =	10 mm

Quadratkilometer	Hektar	Ar	Quadratmeter
1 km² =	100 ha =	10 000 a	
	1 ha =	100 a =	10 000 m²
		1 a =	100 m²

Quadratmeter	Quadratdezimeter	Quadratzentimeter	Quadratmillimeter
1 m² =	100 dm² =	10 000 cm²	
	1 dm² =	100 cm² =	10 000 mm²
		1 cm² =	100 mm²

$$1\ dm^3 = 1\ l$$

Kubikmeter	Kubikdezimeter	Kubikzentimeter	Kubikmillimeter
1 m³ =	1 000 dm³		
	1 dm³ =	1 000 cm³	
		1 cm³ =	1 000 mm³

Hektoliter	Liter	Zentiliter	Milliliter
1 hl =	100 l		
	1 l =	100 cl =	1 000 ml
		1 cl =	10 ml

Tonne	Kilogramm	Gramm	Milligramm
1 t =	1 000 kg		
	1 kg =	1 000 g	
		1 g =	1 000 mg

Tag	Stunde	Minute	Sekunde
1 d =	24 h		
	1 h =	60 min	
		1 min =	60 s

Stichwortverzeichnis

Abnahme 124, 137
— Abnahmefaktor 124, 137
— Abnahmerate 124, 137
Additionsverfahren 28, 34
Ankathete 77, 88
arithmetische Folge 122

Basis 92, 95, 96, 104, 135, 136, 137
Bruch 8, 9, 14, 101, 102

cos 74, 77, 88

Dezimalbruch 9, 14
Diskriminante 64
Dreieck 86
— rechtwinklig 47, 48, 77, 79, 80, 86, 88

Einheitskreis 88
Einsetzungsverfahren 27, 34
Exponent 92, 93, 94, 95, 96, 97, 102, 103, 104, 136
Exponentialfunktion 135, 137
exponentiell 120, 124, 125, 137
— Abnahme 125, 137
— Wachstum 122, 124, 129, 137

Fläche 106
Flächenmaß 10
Folge 122, 124
Funktion 57, 70, 135

Gauß 123
Gegenkathete 77, 88
geometrische Folge 124
Gleichsetzungsverfahren 26, 34
Gleichung 13, 24, 54, 60, 61, 62
Gleichungssystem 25, 34
— Additionsverfahren 28, 34
— Einsetzungsverfahren 27, 34
— Gleichsetzungsverfahren 26, 34

Höhensatz 47, 52
Hohlkörper 117
Hypotenuse 48, 77, 88

irrational 101

Jahreszinssatz 131

Kapitalwachstum 131
Kathete 47, 48, 52, 77, 88
— Ankathete 77
— Gegenkathete 77
— Kathetensatz 47, 52
Kegel 118
Kegelstumpf 111, 113, 114, 118
Körper 84, 106, 110, 116, 118
Kosinus 74, 77, 88
Kugel 118

linear 122, 137
— Gleichung 24, 25, 34
— Gleichungssystem 22, 34
— Ungleichung 32, 43
— Ungleichungssystem 32, 43
— Wachstum 122, 123, 137
Logarithmus 136, 137
Lösungsformel 64, 70

Mantel 118

Normalform 60
Normalparabel 56

Oberfläche 114, 118

Parabel 57, 68, 70
Potenz 90, 92, 93, 94, 95, 96, 97, 99, 102, 103, 104
Prisma 118
Prozentsatz 14
Prozentwert 14
Pyramide 118
Pyramidenstumpf 112, 113, 114, 118
Pythagoras 36, 48, 50, 52

quadratische Ergänzungen 63, 70
quadratische Funktion 57, 70
quadratische Gleichung 54, 60, 61, 62, 63, 69, 70
— Lösungsformel 64
— Normalform 60
— rechnerisch Lösen 63
— Satz des Vieta 69
— zeichnerisch Lösen 61

Quadratwurzel 100

rational 101, 103, 104

Satz des Pythagoras 48, 52
— Umkehrung 48, 52
Satz des Vieta 69, 70
sin 74, 77, 88
Sinus 74, 77, 88
Steigung 85
Steigungswinkel 85
Strahlensätze 36, 52, 113
— 1. Strahlensatz 39, 52
— 2. Strahlensatz 41, 47, 52
Streckenteilung 38, 52

tan 75, 77, 88
Tangens 75, 77, 88
Term 12
Trigonometrie 72

Umkehrung des Satzes des Pythagoras 48
Ungleichung 32, 34
Ungleichungssystem 33, 34

Vieta 69, 70
Volumen 10, 113, 118

Wachstum 122, 124, 129
Wachstumsfaktor 124, 131, 137
Wachstumsrate 124, 137
Winkelfunktion 76, 77, 88
Wurzeln 90, 99, 100, 102, 103, 104

Zahl, irrationale 101
Zahl, rationale 101, 103, 104
Zehnerlogarithmus 136, 137
Zehnerpotenz 93, 104
Zins 129
Zinseszins 137
Zinsfaktor 137
Zinssatz 131, 133, 137
Zylinder 118